JN216143

New Space
革命の全貌

宇宙ビジネス入門

A.T.カーニー プリンシパル
SPACETIDE代表理事
石田真康

日経BP社

プロローグ

宇宙は古今東西変わらず、人々の興味をひきつけてきた。

1969年にアポロ11号が月面着陸した際には、世界40カ国以上にテレビ中継され、6億人が人類にとっての歴史的瞬間を見たと言われている。

スペースシャトルや国際宇宙ステーションなどのプロジェクトにも人々は関心を寄せてきた。また、日本では2010年に小惑星探査機「はやぶさ」が地球に帰還して社会現象となったのも記憶に新しい。

宇宙は我々の生活にも溶け込んでいる。日々使っているカーナビゲーションや地図アプリケーションでは測位衛星からの信号を受信しており、朝の天気予報では気象観測衛星「ひまわり」による画像が使われている。昨今増えつつある飛行機の機内で使えるWi-Fiサービスでは、地球からなんと3万6000キロメートルも離れた静止通信衛星を利用している。意識しないことが多いが、我々の生活は多様な宇宙技術に支えられているのだ。

宇宙はコンテンツとしても鉄板だ。ハリウッド映画では『スター・ウォーズ』などのＳＦ映画の人気は高く、近年も２０１３年の『ゼロ・グラビティ（原題：Gravity）』や２０１５年の『オデッセイ（原題：The Martian）』などがヒットしている。日本でも１９７９年から始まった人気アニメの『機動戦士ガンダム』や、２００７年末から始まった人気漫画の『宇宙兄弟』など宇宙を舞台にしたコンテンツは沢山存在する。

そして、ここ数年はビジネスとしての宇宙に対する注目が高まっている。打ち上げサービスを行う宇宙ベンチャー企業スペースＸ（SpaceX）の活躍がニュースで届けられる機会も増えた。スペースＸの創業者であるイーロン・マスク氏は稀代の起業家として、宇宙業界以外のビジネスパーソンにとっても馴染みある存在だ。

スペースＸだけではない。今、世界の宇宙産業では「New Space」とも言われる新たな潮流が起きており、１０００社を超えるベンチャー企業が誕生している。宇宙起業家たちが掲げるビジョンは壮大だ。人類が火星に到達し複数の惑星に文明を築く世界、数百機の衛星が数十億人にネットインフラを届ける世界、多くの人々が宇宙旅行や宇宙ホテルに滞在する世界。そうしたビジョンを実現するためのテクノロジー、リスクマネー、ビジネスモデル、法律・政策などの具体的な動きが始まっている。

かつて夢として語られた世界が、自分が生きているうちに実現するかもしれない。従来は限られた人にしか機会のなかった宇宙ビジネスに自分も関われるかもしれない。そうしたワクワクする大きな期待が今この宇宙ビジネスには存在する。新しい産業の可能性を読者の皆様にお届けしたい。

2017年7月

石田真康

月の軌道
(地球から約38万km)

深宇宙探査・開発

小惑星探査・開発

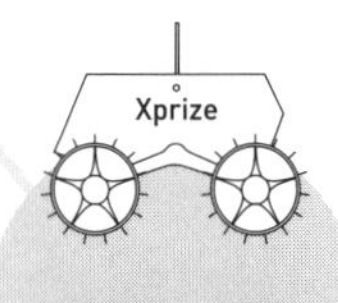

月探査・開発

火星探査・開発

衛星インフラの構築

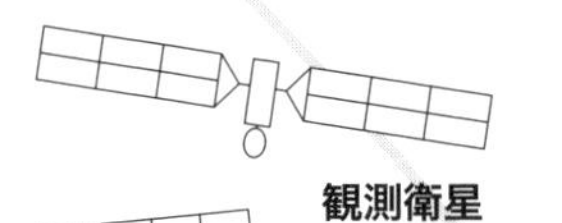

観測衛星

測位衛星

通信・放送衛星

デブリ除去

個人向けサービス

宇宙ホテル

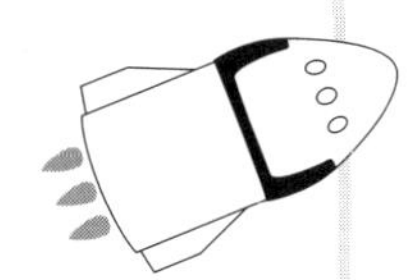

深宇宙旅行

宇宙ビジネスの主な市場セグメント

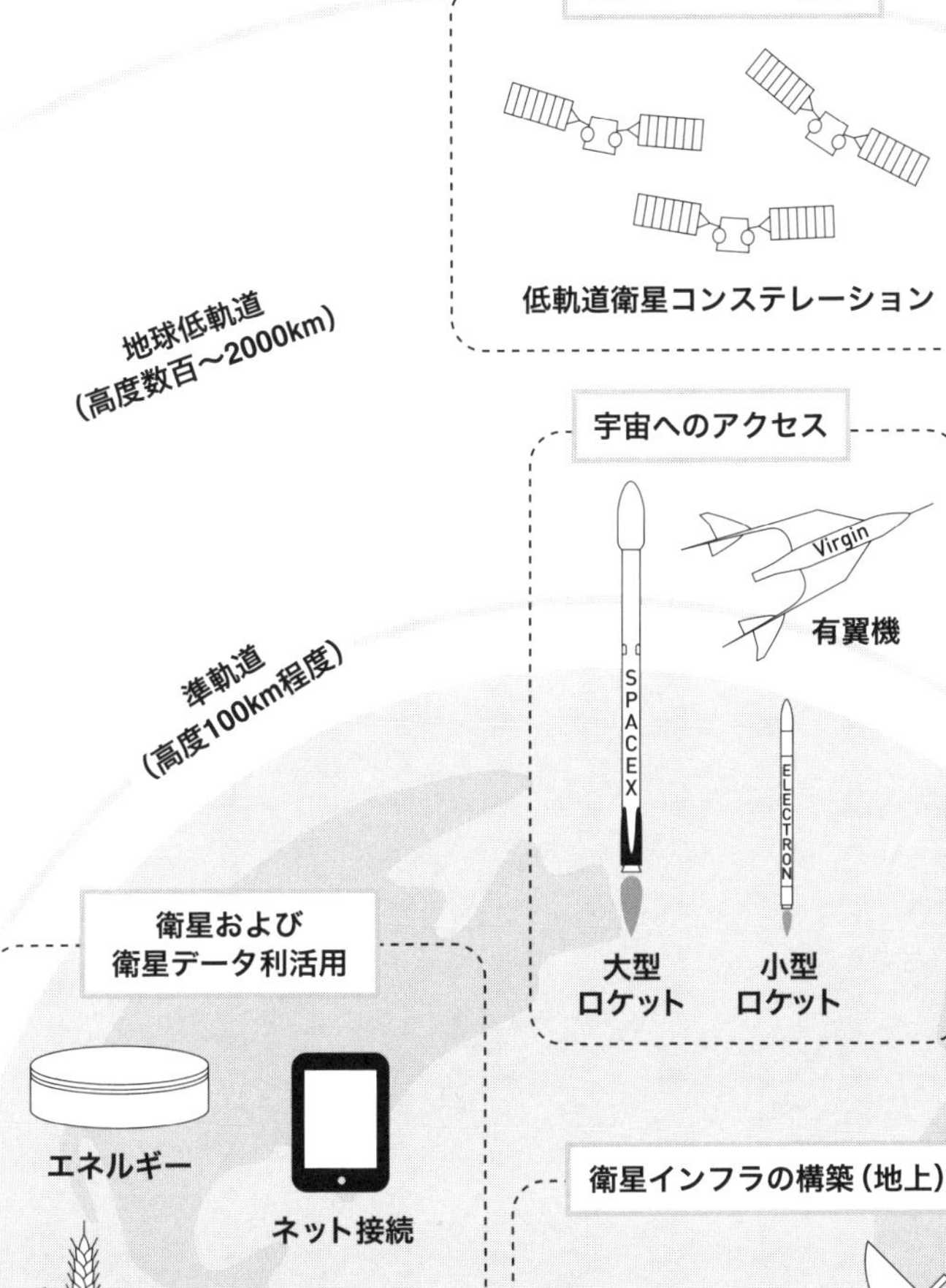

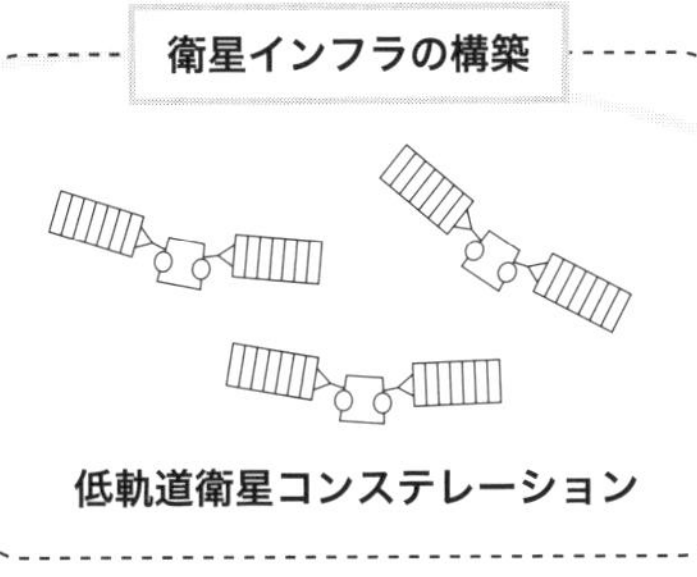

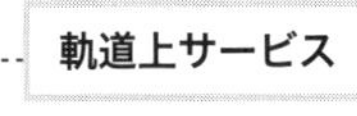

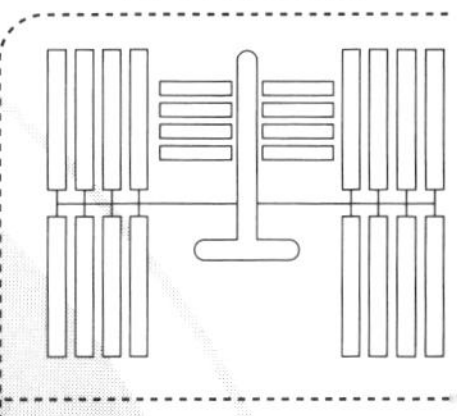

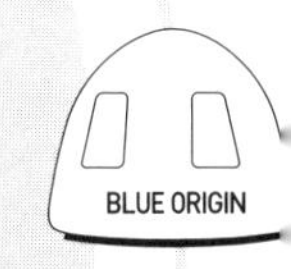

Contents

3 宇宙起業家たちのビジョン

7 今後の可能性と課題

1

全体像

1-1 米国発・宇宙ビジネスビッグバン

これまで宇宙といえば、アポロ計画、スペースシャトル、国際宇宙ステーションなど、国家主導の宇宙開発プロジェクトが中心だった。しかしながら、近年は世界的に民間主導型の宇宙ビジネスイノベーションが加速している。

宇宙産業の商業化は1980年代に欧州で始まり、官需以外の民需開拓が進められた。1990年代には商業化＋民営化の流れが米国で起き、特に地球低軌道といわれる地球近傍エリアを中心に2000年代以降もその流れが加速している。

他方、宇宙産業の外のトレンドとして、昨今は第4次産業革命とも言われている産業横断的なデジタル化やIoT（Internet of Things）化が進展しており、新たなテクノロジーが宇宙産業に活用されるとともに、宇宙技術の利活用にも注目が集まっている。

このような宇宙産業内外のトレンドが交差することで、世界の宇宙産業には「New Space」とも言われる新たな潮流が生まれている。従来の宇宙関連企業に加えて、ベンチャー企業やIT、エレクトロニクス、ロボティクス分野などの異業種企業の参入が相次ぎ、ヒト・モノ・カネが集まる一大産業へと発展する兆しが見えているのだ。

２０００年代初頭には、ロケットや宇宙船の開発・打ち上げなどを行い、宇宙へのアクセス革命を起こすことを目指すベンチャー企業が多数創業した。電気自動車テスラのＣＥＯのイーロン・マスク氏がスペースＸ（SpaceX）を２００２年に創業。ネット通販大手アマゾンの創業者兼ＣＥＯのジェフ・ベゾス氏が２０００年にブルーオリジン（Blue Origin）を創業。ヴァージン・グループの総帥リチャード・ブランソン氏も２００４年にヴァージン・ギャラクティック（Virgin Galactic）を創業。マイクロソフト共同創業者のポール・アレン氏もストラトローンチ・システムズ（Stratolaunch Systems）など複数の宇宙ベンチャーを支援している。

そして２０００年代後半以降は、小型衛星、衛星ビッグデータ、衛星インターネット、宇宙旅行、宇宙ホテル、資源探査など、宇宙という場の活用に取り組むベンチャー企業が増えてきている。こうした企業はビッグデータ、人工知能、機械学習、ロボティクスなどの新たな技術を宇宙分野に適用しようとしている。現在欧米には１０００を超えるベンチャー企業が存在すると言われている。

こうした動きを資金面で支えてきたのが、起業家自身による自己投資であり、またエンジェル投資家やシリコンバレーのベンチャーキャピタルだ。彼らはロボット、ヘルスケア、脳科学などとともに、宇宙をフロンティアとして見て投資を進めている。さらにグーグル、フェイスブック、クアルコム、コカ・コーラなど資本力ある大手企業も宇宙分野に興味を示して投資を行っている。過去10年間で、宇宙分野への民間からのリスクマネーの流入量は累計1兆円を超えている。

こうした変化とともに、宇宙産業のエコシステム（生態系）も大きく変わりつつある。従来の政府機関、大手企業、中小企業によるピラミッド構造に加えて、ベンチャー企業、異業種企業、プロフェッショナル、サードパーティーなどが参入してプレイヤーの数が増えつつある。さらに業態垣根を超えて柔軟な連携が起きており、新たなエコシステムが作られつつある。このように世界の宇宙産業は今まさに「New Space」ともいえる大変革の真っただ中にある。

1-2 宇宙産業の歴史

昨今は民間主導型のビジネスイノベーションが起きている宇宙産業ではあるが、歴史を振り返れば国家主導型の宇宙開発から段階的に民営化や産業化が行われてきたことがわかる。

第1ステージ

第1ステージは1970年代までだ。この時代の象徴は国家主導型の大型宇宙開発であり、特に冷戦時代の米国とソビエト連邦のハードパワー競争を通じて宇宙開発が前進した。

ソ連は、1957年に初の人工衛星「スプートニク」の打ち上げに成功、1961年にはガガーリンが有人宇宙飛行に成功、1965年には初の宇宙遊泳に成功するなど攻勢を強めた。またプロトンやソユーズという現代まで続くロケットの打ち上げに成功するなど隆盛を極めた。

他方、米国では1958年にNASA（航空宇宙局）が設立された。有人ミッションでソ連の先行を許した米国は、1961年に当時のケネディ大統領がアポロ計画を発表、米国の威信をかけたプロジェクトとして1969年に人類初の月面着陸に成功した。有人宇宙開発だけでなく衛星に関しても、1972年には現在にまで至る地球観測システムのランドサット計画が立ち上がった。また1973年には地球測位システムであるGPS計画が立てられ、1978年には初のGPS衛星が打ち上げられている。

この時代にはインテルサット（1964年）やユーテルサット（1977年）など、現在まで続く衛星通信企業などが設立された時代でもある。その多くは民間企業というよりも協定に基づく国際機構として誕生した。こうした産業形成の在り方は宇宙産業の特徴を表している。

第2ステージ

第2ステージの1980~1990年代は宇宙利用時代と商業化時代の始まりだ。1975年のアポロとソユーズのドッキングに象徴されるような冷戦終了後の国際政治変化や国家予算削減という流れの中で、国際協調プロジェクトを推進する動きや、宇宙開発の一部を民間企業に委託したり、民間資本を積極的に取り入れていく動きが進んだ時代と言える。

NASAでは再使用型の有人宇宙往還機のスペースシャトルが1972年に公式発表され、1981年から運用が始まり、2011年に引退するまで計130回以上のフライトが行われた。また国際協調プロジェクトとして、国際宇宙ステーションの計画が1984年に発表がされ、1993年にはロシアも参加を表明し、1998年から組み立てが始まった。

また同時代は測位、観測、通信など衛星の利活用が大きく進んだ時代ともいえる。1970

年代から構築が始まったGPSは、1993年には24機体制が構築された。1999年には欧州で独自の測位衛星システムであるガリレオ計画が発表された（実際の配備は2000年以降にずれ込む）。観測分野では冷戦の終焉などの社会変化の中で衛星画像に関する法整備などが行われ、1992年にはリモートセンシング分野の世界最大手となるデジタルグローブが創業。他方、画期的な衛星通信システムとして注目を浴びたイリジウムは1998年にサービスを開始したものの、地上の無線通信網の発達に押されて破綻に追い込まれた。

1980年代からは欧州を中心に商業化が進み、国が大株主となる中、官需のみならず民需の開拓も進められた。例えば1980年に設立された大型ロケットの打ち上げサービスを行うアリアンスペースは当初、欧州12カ国・53社が出資して設立された。また官民共同出資で1982年にSPOTイマージ、1985年に衛星通信会社SESなどが相次いで設立された。

そして1990年代以降は、米国中心に商業化＋民営化の流れが起き、国家予算削減の影響もあり、ロッキードとマーチンの合併（1995年）、ボーイングとマクダネル・ダグラスの合併（1997年）など宇宙産業全体の再編が起きた。呼応する形で、欧州でもEADSが誕生（2000年）するなど、民営化企業による商業化が始まった。

こうした巨大企業の再編の裏で、米国では今に至る宇宙起業家が動き出したのが1990年代だ。1992年のコロンブス新大陸発見500年祭を契機に盛り上がりを見せた月面や火星探査が、その後、立ち消えになっていくのを目のあたりにした起業家のピーター・ディアマンディス氏は、民間産業の支援を決意。1995年にXプライズ財団（XPRIZE Foundation）を設立して、賞金1000万ドルをかけた宇宙旅行コンテストを始めた。

第3ステージ

第3ステージは2000年代～現在だ。複数の新潮流が同時多発的に発生している。欧米などの先進国では商業宇宙政策が加速した。特に米国では、過去10年～20年の間にNASAを中心に地球低軌道（高度数百～2000キロメートルほどまでの地球に近い宇宙空間）の商業化政策を進めるとともに、NASAはより遠い宇宙（深宇宙）の探査や研究を目指すことが目標とされ、オバマ政権下の2010年に掲げられた国家宇宙政策では、国家がやるべきこと、民間にまかせるべきことの基本的考え方が示されている。

こうした動きが生まれたきっかけの一つが、当初予定より大幅にコストがかかってしまったスペースシャトルと、その退役後の国際宇宙ステーションへの物資輸送に対する対応だ。NASAは国際宇宙ステーションへの輸送サービスを民間企業から購入するという方針を固め、「COTS（商業軌道輸送サービス）」と「CRS（商業補給サービス）」を推進した。そしてスペースXおよびオービタルATKの2社に委託、スペースシャトル退役後の輸送手段を確保した。両政策は米国における商業宇宙政策の成功例とされる。

　こうした流れと呼応する形で、新たな民間パワーの流入とそれによる新たな宇宙ビジネスの取り組みも加速している。大きな勢力となったのがシリコンバレーを中心とするテクノロジー業界、およびビジネス業界のIT長者だ。2000年にはジェフ・ベゾス氏がブルーオリジンを、2002年にはイーロン・マスク氏がスペースXを創業するなど、ビリオネアたちは宇宙へのアクセス革命を起こすべく起業した。いずれもドットコムバブル全盛期に既に宇宙分野に目をつけていたことには先見の明を感じる。

　その後、2000年代の中盤になると米国西海岸を中心に小型衛星の開発や衛星データ解析を行うベンチャー企業が増えてきた。こうした企業がソフトウェア技術やビッグデータ解析技術などIT産業などで培われたテクノロジーを持ち込むとともに、シリコンバレーの投資コミュニティが宇宙とつながり、ヒト・モノ・カネの流入が大きくなった。米国では1000以上、欧州でも300以上の新プレイヤーが存在すると言われている。

　結果として業界構造も変わり始めた。大型ロケットや大型衛星を中心とした既存宇宙産業でも技術革新が起きており、さらには小型ロケット、小型衛星などまったく新しいバリューチェーン形成が始まっている。さらには宇宙旅行、宇宙ホテル、商業宇宙資源開発など、従来はコンセプトに過ぎなかったアイデアが、様々な形で具現化に向けて動き出している。

他方で、中国やインド、さらには他の新興国も台頭してきており、こうした国々は引き続き、国家主導の宇宙開発に力を入れている。

中国は２０１６年発表の宇宙白書で、宇宙輸送システム、宇宙インフラ、有人宇宙、深宇宙探査、宇宙新技術など全方位戦略を掲げている。民事および商業分野に関しては国家航天局（ＣＮＳＡ）が方向性を示し、その傘下の国営企業である中国航天科技集団公司（ＣＡＳＣ）や中国航天科工集団公司（ＣＡＳＩＣ）が担うという国家主導型だ。

インドの宇宙開発の歴史は古く、国家宇宙研究機関であるＩＳＲＯの設立は日本のＮＡＳＤＡ（ＪＡＸＡの前身）設立と同じ１９６９年にさかのぼる。ＩＳＲＯを中心に、遠隔医療（Telemedicine）のような社会インフラとしての衛星活用、火星探査機マンガルヤーンのような宇宙探査で着実に成果を出している。国産ロケットＰＳＬＶでは小型衛星打ち上げサービスにも参入しており、２０１７年2月には同時に１０４機の小型衛星を軌道投入するという世界記録も達成している。

現在、自国衛星を保有する国は50カ国以上にもなっており、今後も増加する見通しである。時代ごとに大きく変化をしてきたのが世界の宇宙産業なのだ。

宇宙産業の歴史

第1ステージ（〜1970年代）	▶米ソ中心の宇宙開発競争 •NASA設立（1958） •アポロ計画（1961） •ランドサット計画（1972） •スカイラブ計画（1973） •GPS計画（1973）	▶欧：社会インフラとしての開発 •ESRO/ELDO発足（1962） •ESA発足（1975） •アリアン打ち上げ（1979）	▶国営・地域企業の誕生 •インテルサット設立（1964） •ユーテルサット設立（1977）
第2ステージ（1980年代〜1990年代）	▶宇宙利用時代の国際プロジェクト •スペースシャトル打ち上げ（1981） •国際宇宙ステーション（計画発表1984） •米国のスペースシャトルとロシアの宇宙ステーション・ミールがドッキング（1995）	▶欧：商業化の推進 •アリアンスペース設立（1980） •SPOTイメージ設立（1982） •SES設立（1985）	▶巨大企業グループの誕生 •ロッキード・マーチン誕生（1995） •ボーイングとマクダネル・ダグラス合併（1997） •EADS誕生（2000）
第3ステージ（2000年代〜）	▶欧米の商業化加速 •COTS（2005） •CRS（2008） •CCDeV（2010） •エアバスグループ再編（2014） •アリアン民営化（2015）	▶新興国参加による多極化 •中：有人宇宙飛行（2003） •中：無人月面探査（2007） •印：月探査機打ち上げ（2008）	▶ベンチャー・異業種参入 •ブルーオリジン創業（2000） •スペースX創業（2002） •ワンウェブとエアバスが提携（2015）

1-3 従来市場

宇宙産業の市場規模はどの程度の大きさなのか。米国の業界団体SIA（Satellite Industry Association）が毎年発表している「State of the satellite industry report」によると、2016年の市場規模は3391億ドルだ。そのうち衛星関連市場が2605億ドルを占める。そしてこの市場は、①衛星の種類、②バリューチェーン、③顧客の三つの軸で分けることができる。

衛星の種類による分類

衛星の種類で分けると、通信・放送分野、測位分野、観測分野の三つに分類することができる。通信・放送衛星はNHKのBS放送やCS放送で馴染み深い。あるいは最近は飛行機の中でもWi-Fiを通じてインターネット接続が可能になっているが、これも通信衛星経由でサービスが行われている。通信・放送衛星は最大市場であり、SIAのレポートでは2015年時点で運用されている1459機の衛星のうち、約5割が通信衛星であり、一般消費者向けの通信・放送サービス市場は1047億ドルに及ぶ。

次に大きいのが測位衛星だ。米国が運用するGPS衛星が代表的であり、自動車のカーナビ

宇宙産業の市場規模（2016年）

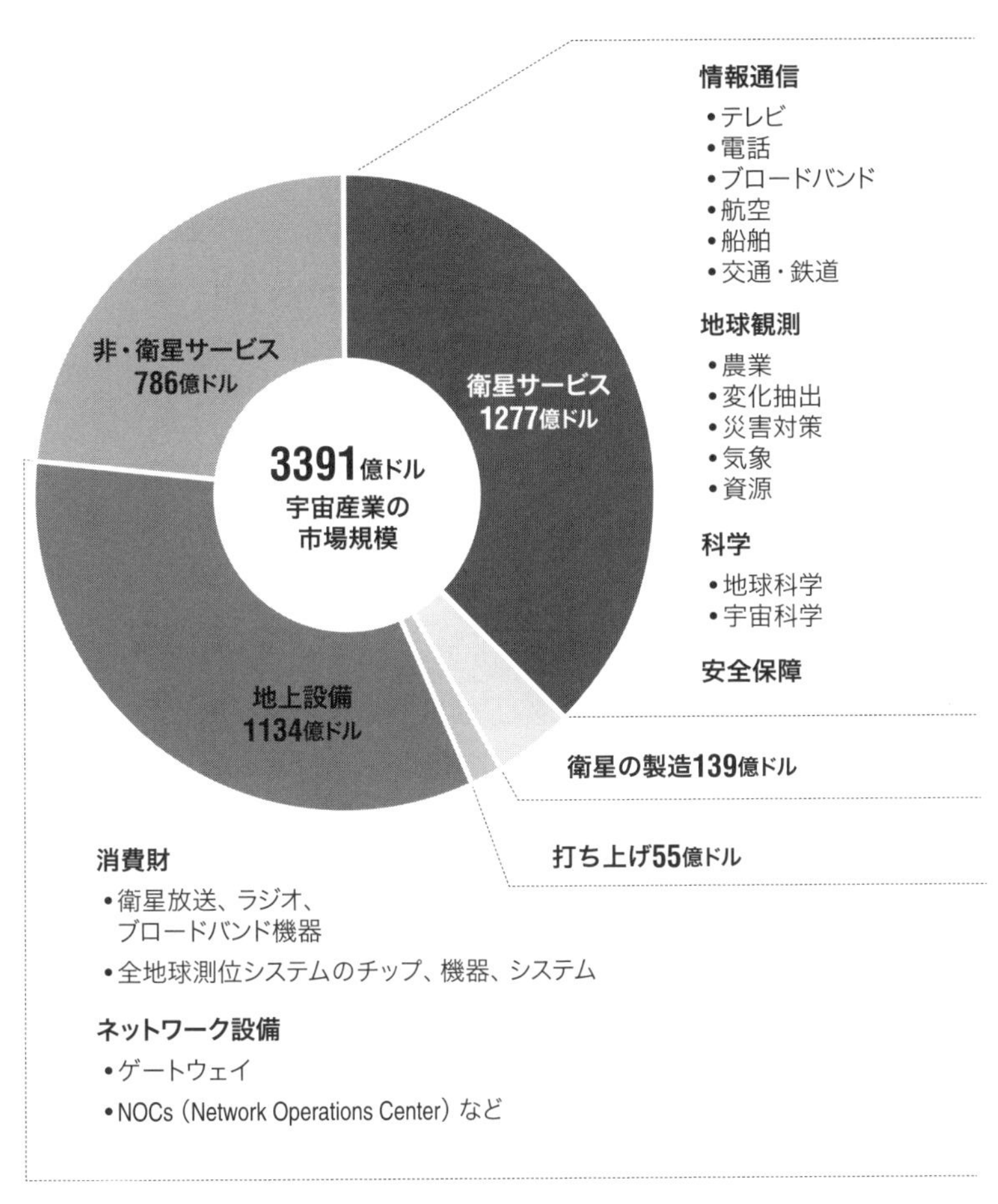

出所：SIA

ゲーションやスマートフォンの地図アプリケーションなど様々な形で活用されている。近年は各国政府が独自の測位衛星システムを持つ動きが増えており、欧州はガリレオ、ロシアはグロナス、中国は北斗（Beidou）を構築しており、日本も7機からなる準天頂衛星の配備を進める。測位衛星の利活用市場は算定が難しいが、600億〜800億ドル規模とも言われており、今後の市場拡大が期待される。

観測衛星の典型例は気象衛星だ。日本でもニュースの天気予報で気象衛星「ひまわり」の画像が使われることが多い。観測衛星によるリモートセンシング市場はSIAのレポートによると20億ドルと小さいが、今後の伸びが期待されている。また観測衛星は偵察衛星の技術を民営化することで発展してきた市場であり、世界市場の約半分は政府需要が占めている。

バリューチェーンによる分類

次に、市場全体をバリューチェーン別に分けてみる。具体的には、衛星の製造、衛星の打ち上げ、衛星の運用、関連サービスに分けることができて、それぞれに異なるプレイヤーが関わる。一般的に宇宙産業というと、衛星の製造や打ち上げを行うロケットのイメージが強いと思われるが、バリューチェーン別に市場を分けると、先述した2605億ドルのうち、衛星を利用するサービスが一番大きい1277億ドルを占める。次に大きいのが地上設備の1134億ドル、衛星製造は139億ドル、打ち上げは55億ドルだ。

顧客タイプによる分類

最後に、市場全体を顧客タイプで分ける。宇宙産業には政府および政府系機関向けの官需と、民間企業向けの民需が存在する。非営利団体の米スペース・ファウンデーション（Space Foundation）のレポートによると、2015年の宇宙産業全体のうち、約25％が官需である。機器産業だけを取り出すと約70％が政府需要だ。そして官需の中では米国の政府需要が446億ドルで、残りの各国政府の合計値320億ドルよりも大きく、宇宙産業における米国のプレゼンスは圧倒的だ。

米国の宇宙機関というとNASAを想起する方が多いが、宇宙予算が最も大きいのは国防総省である。内閣府の資料によると年間予算は約2・5兆円規模にも上る。冷戦時代に宇宙産業が大きく発展したように、米国では安全保障と宇宙産業が密接に絡み合っている。

国防総省の次に大きいのが科学技術分野を担当するNASAであり、年間予算は約2兆円規模だ。日本の宇宙関連国家予算が約3000億円であることを考えると、その規模の大きさがわかる。そして3番目に大きいのがNOAA（米海洋大気庁）だ。NOAAは日本の気象庁に近い政府機関であり、衛星を利用する側の省庁代表であり、衛星データの利活用プロジェクトなどを積極的に進めてきている。

米国のプレゼンスは大きいが、他方で近年は中国やインド、他の新興国など欧米以外の政府が積極的に宇宙開発や宇宙利用を進めてきている。こうした背景の中、宇宙産業全体は成長を続けている。ＳＩＡの発表によると過去10年間で世界全体の市場規模は倍増している。

1-4 新潮流：NewSpace

従来の国家主導型の宇宙開発プロジェクトは、政府系機関が目標を設定し、資金を準備し、大手航空宇宙企業および関連企業が中心となって行われてきた。他方で、民間主導型の宇宙ビジネスでは、政府系機関、大手企業に加えて、ベンチャー企業、投資家、異業種企業、様々な分野のプロフェッショナルなど多数のステークホルダーが存在している。

こうした多様なステークホルダーの関わりにより新たなエコシステム（生態系）が形成されつつある。その特徴を欧米の事例から5つの要素に分けると、①プレイヤー／ビジネスマインド、②法整備／政策、③テクノロジー、④リスクマネー、⑤産業プラットフォームに整理できる。

①プレイヤー／ビジネスマインド

「プレイヤー／ビジネスマインド」としては、何よりも目立つのが起業家精神（アントレプレナーシップ）に溢れるニュープレイヤーの存在だ。イーロン・マスク氏やジェフ・ベゾス氏のように、異業種からのビリオネアの参入が相次いでいるが、こうしたプレイヤーが掲げるビジョンは極めて野心的だ。マスク氏は「人類を火星に送り込む」と掲げ、ベゾス氏は「数百万人が宇宙に暮らし、働く世界をつくりたい」と語る。こうしたビジョナリーの参入と成功が、新たな起業家世代のモチベーションを高めて、結果的にプレイヤーの数が増えてきている。

こうしたマインドを持つのはベンチャーや異業種企業だけではない。従来から業界をリードしてきた欧米の大手航空宇宙企業も新たな宇宙ビジネスに対して積極参加している。欧州を代表する航空宇宙企業のエアバス（Airbus）は好例だ。従来は欧州地域を中心とした買収と合併で成長してきたが、近年は衛星インターネット構築網を目指すベンチャー企業のワンウェブ（OneWeb）と提携し、またシリコンバレーに投資ファンドを立ち上げるなど、積極攻勢に注目が集まる。

②法整備／政策

「法整備／政策」では、２０１６年に日本でも民間企業が宇宙ビジネスを行う上での制度的担保となる宇宙活動法の制定がなされたことが大きな話題となった。他方、欧米では数十年前から商業宇宙活動に関する法整備が段階的になされてきている。

また、法整備に加えて様々な政策的支援がなされている。米国、ドイツ、フランス、英国、ルクセンブルクなどでは商業宇宙活動がトップアジェンダとして設定されており、民間企業を支援する様々な政策が実行に移されている。

③テクノロジー

テクノロジーに関しては、政府系宇宙機関や航空宇宙大手企業を中心に培われてきた伝統的宇宙開発技術・ノウハウと、近年シリコンバレーを中心とするＩＴ業界などから流入をしている新技術・ノウハウの融合が起きている。前者には、例えば放射線、熱真空、振動など様々な極限環境への対応技術がある。後者には、様々なチープテクノロジー、高度なプロセッシング能力、アジャイル開発や３Ｄプリンターの活用などの開発・モノ作り手法などが存在する。さらには人工知能や機械学習を衛星データ解析に活用する動きも加速しており、様々なアプリケーション開発が進んでいる。

④リスクマネー

「リスクマネー」として、主に民間資本の流入が加速している。調査機関の米タウリグループによるレポート「START-UP SPACE」によると、過去10年間で累計1兆円以上の資金流入が起きている。イーロン・マスク氏のようなビリオネアによる自己投資、エンジェル投資家による資金提供、さらに米国では著名ベンチャーキャピタルが自社の投資ポートフォリオの中に宇宙関連ベンチャーを組み入れるところが多くなっている。また政府予算に関しても産業育成のためのシーズ投資、技術開発投資、サービス購入など、新たなプレイヤーに対して単なる補助金を超えて多種多様な策が打たれ始めている。

⑤産業プラットフォーム

「産業プラットフォーム」の面では、業界横断的な取り組みが目立つ。例えば非営利業界団体が大規模ビジネスカンファレンスを主催して、関係者が交流する場を作り、産業全体の認知度を高めつつ、ビジネスが生まれるきっかけを提供している。こうした団体の中には政府機関に対して積極的な政策提言をする団体も多数存在する。またメディアも大きな役割を担っており、一般向けのメディアだけではなく、投資家向けの情報提供を行うプロフェッショナルメディアも存在している。

1-5 将来的な市場セグメント

近年は多数の起業家や企業が宇宙ビジネスに参入することで、新たなバリューチェーン形成や新たなアプリケーション開発が進んでいる。多くの取り組みはまだ市場形成段階だが、そうした取り組みもすべて含めた上で、本書においては宇宙ビジネスを6市場セグメントに分類したい。①宇宙へのアクセス、②衛星インフラの構築（宇宙および地上）、③地上における衛星およびデータ利活用、④軌道上サービス、⑤個人向けサービス、⑥深宇宙探査・開発だ。

①宇宙へのアクセス

「宇宙へのアクセス」はその名の通り、宇宙空間にモノや人を打ち上げるためのビジネスであり、そのためのロケットや宇宙機の開発・製造および打ち上げサービスを含む。すべての宇宙ビジネスは宇宙空間に到達してから始まることを考えると、まさに根幹をなす市場である。「宇宙へのアクセス」市場の行方はすべての宇宙ビジネスに大きな影響を及ぼすといっても過言ではない。

この市場はさらに用途（有人または無人）、およびサイズで詳細分類ができる。中心は大型ロケット・宇宙機であり、昨今話題を集めるスペースX（SpaceX）も大型ロケットの開発・製造・打ち上げサービスを行っている。他方で、近年はベンチャー企業を中心に小型ロケットの開発も進んでおり、これは後述する小型衛星専用の打ち上げを狙った取り組みだ。

②衛星インフラの構築（宇宙および地上）

「衛星インフラの構築」市場の中心は、衛星の開発と製造、および軌道上での運用だ。先述したように衛星には通信・放送衛星、測位衛星、観測衛星などがあり、衛星を配備する軌道に応じて静止衛星（高度3万6000キロメートル）、低軌道衛星（高度数百～2000キロメートル）、極軌道衛星などに分類することができる。

さらに、近年のトレンドを鑑みると、従来からの大型衛星の市場と、最近注目を浴びている小型衛星に分類できる。大型衛星ではデジタル化やフレキシブル化といった様々なトレンドが起きるとともに、通信・放送衛星では高速化が続く地上の通信技術との競合や連携が起きている。他方で小型衛星では、数百機から数千機を打ち上げて、それらを連携して一つのシステムとして運用するコンステレーション（星座の意味）を検討するベンチャー企業が出始めており、新たな宇宙インフラの構築が進んでいる。

③衛星および衛星データ利活用

「地上における衛星および衛星データ利活用」は、宇宙空間ではなく、地上で活動をする個人、産業、社会が宇宙技術を利活用する市場であり、近年極めて注目を集めている。従来、宇宙技術を活用したサービスに関しては、衛星通信・放送、測位を活用したナビゲーションサービスがほとんどであった。

他方、近年のキーワードは「イネーブラーとしての宇宙技術」だ。イネーブラーとは、「何かを可能にするもの」「後押しするもの」を意味する。地上のあらゆる産業では昨今、第４次産業革命ともいわれるデジタル化やＩｏＴ化がトレンドとなっているが、宇宙技術が他産業のデジタル化に貢献する時代が来ている。観測衛星のデータと地上のデータを統合して各産業向けのアプリケーションやソリューションを提供するジオ・インテリジェンス分野、通信衛星を活用したユビキタス・コネクティビティ分野、さらには精密測位データを活用した様々な機器や機械の自動化（オートノマス・モーション）など、多種多様な技術開発とアプリケーション開発が進んでいる。

④軌道上サービス

「軌道上サービス」は、その名の通り、軌道上で行われる様々なサービスを指す。例えば機能を停止した衛星や破損した部品など〝スペースデブリ〟と言われる宇宙ゴミ問題を解決するための、デブリの監視や除去を行うサービスがある。あるいは高度４００キロメートルの地球低軌道に浮かぶ国際宇宙ステーションでは、小型衛星の放出や宇宙ステーション内外での微小重力などの宇宙特有の環境を活用した科学実験設備のレンタルなど、その設備を利用した様々なサービスが提供されている。

⑤個人向けサービス

「個人向けサービス」も近年注目を集める市場だ。従来、宇宙空間には厳しいトレーニングを積んだ宇宙飛行士など限られた人々しか行けなかったが、近年は一般消費者向けの宇宙旅行サービス提供を目指す企業が増えている。高度１００キロメートルまでの弾道宇宙旅行、高度４００キロメートルの国際宇宙ステーションへの滞在、地球から38万キロメートル離れた月周回軌道までの旅行などメニューは様々だ。

旅行だけではない、従来は国際宇宙ステーションが唯一人類が長期間滞在する施設であったが、将来的に宇宙ホテル建設を目指す動きも出始めている。

⑥深宇宙探査・開発

一般的に宇宙開発においては、地球近傍エリアと深宇宙を分ける傾向がある。深宇宙開発とはその名の通り「深い」＝「遠い」宇宙の開発を目指す動きだ。具体的には月、火星、小惑星などが対象になっている。各国の政府機関、大手企業、ベンチャー企業が目指すのは、長期的に宇宙空間で人が生活をして、働いたりする世界だ。その背景には、地球環境・エネルギー問題、人類社会の持続可能性、フロンティア精神など様々な要因がある。

かつてから構想があった月面あるいは月周回軌道上の基地の開発を検討する動きなども出てきている。さらに世界で急激に議論が進んでいるのが宇宙資源開発だ。宇宙空間には水、金属資源、およびレアアースがあること

宇宙産業のセグメント

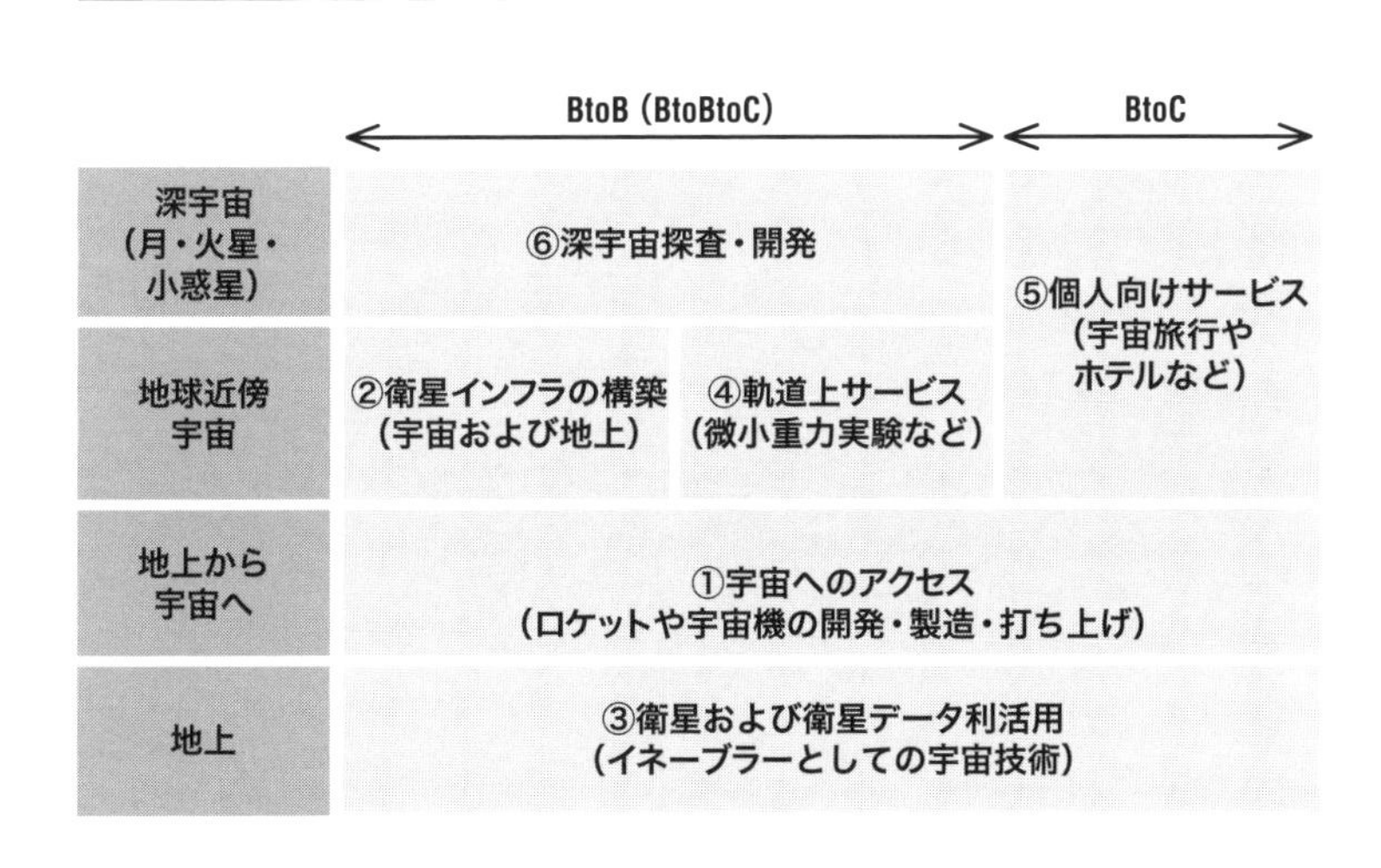

がわかっている。人類が地球圏を超えて活動をする時代が来ると、地球からすべての資源を運ぶのは非効率であり、資源やエネルギーの地産地消など、より広範囲での生態系の構築が求められる。

以上のように、既に確立されている30兆円だけでなく、現在まさに形成中の新しいバリューチェーンおよび新たな宇宙アプリケーションも含めて、本書では宇宙ビジネスの全貌を解説する。次章では、各市場における主な動向とキープレイヤーを紹介していきたい。

2

市場セグメントとキープレイヤー

2-1 宇宙へのアクセス

［大型ロケット］

宇宙ビジネスが発展していくための前提条件とも言える打ち上げサービスは、「価格」「頻度」「投入軌道」「スケジュール」など様々な要素が求められる。FAA（米連邦航空局）の統計によると、2005年から2014年の10年間で合計1021回の打ち上げがされており、米国が301回、ロシア・ウクライナが206回、欧州161回、中国131回と続く。日本は59回と6番目だ。市場としては自国衛星などを打ち上げる官需と、商業用の通信衛星などを打ち上げる民需が存在する。

商業打ち上げの最大需要は静止軌道への通信・放送衛星の投入であり、この市場は欧州のアリアンスペース（Arianespace）が50～60％という圧倒的な市場シェアで寡占してきた。アリアンスペースは、1980年に欧州12カ国・53社が出資して設立され、1990年代から商業衛星の打ち上げ需要拡大に合わせて成長し、これまでに約250機の衛星打ち上げに成功してきた。現在は、エアバス（Airbus）グループの企業だ。

この市場で近年急激に存在感を示してきているのが、イーロン・マスク氏が率いるスペースX（SpaceX）だ。スペースXは、国際宇宙ステーションへの物資輸送サービス契約をNASA（米航空宇宙局）から受注し、その後は商業通信衛星の打ち上げ市場に参入して40％ほどのシェアを獲得。さらには安全保障分野でも次世代GPS打ち上げを受注している。

同社のウェブサイトには打ち上げの実績および将来計画が発表されているが、そのデータを読み解くと、受注相手のうち米国政府やNASAは全体の3分の1にすぎない。残りは海外政府や民間企業だ。2015年の静止衛星の打ち上げ受注実績ではアリアンスペースの14件に対して、スペースXは9件を受注している。

同社の強みは、開発力、マーケティング力、オペレーション力と多岐にわたるが、その中でも特に注目を集めているのは第1段ロケットの再利用である。

スペースXは2017年3月、第1段ブースターを再利用した大型ロケット「ファルコン9」による打ち上げサービスに初めて成功した。

再利用した第1段ブースターは2016年8月に国際宇宙ステーション向けの物資輸送サービスに活用されて、打ち上げ・分離後に、自動で洋上ドローンに着陸した機体だ。すでに複数回の再利用ミッションが行われている。2018年は12回の再利用ミッションを計画しているとの報道もある。

そして、商業衛星の打ち上げ市場に将来的に加わると考えられるのが、ジェフ・ベゾス氏が率いるブルーオリジン（Blue Origin）だ。同社はこれまで宇宙旅行のための垂直離着陸式ロケット「ニューシェパード」の開発を進めてきたが、近年注目を集めているのがBE－4エンジンと大型ロケット「ニューグレン」の開発だ。

ニューグレンは最大3段式で全長95メートルの超大型ロケットであり（スペースXが開発中のファルコン・ヘビーよりも大型）、商業通信衛星の打ち上げや有人宇宙飛行が目的とされている。この大型ロケットの第1段ブースターになるのが7機のBE－4エンジンだ。同エンジンも再利用がキーワードだ。まだ開発中にもかかわらず、2017年3月には衛星通信大手の仏ユーテルサット（Eutelsat）と2021年または2022年の打ち上げ合意を発表するなど、将来的な市場参入が見込まれている。

アリアンスペース、スペースX、ブルーオリジンの競争は、既存の商業衛星打ち上げ市場だけではない。将来的な市場形成が期待されている衛星インターネット市場でもライバル関係にある。アリアンスペースは将来的に数百機からなる衛星インターネット網の構築を進めるワンウェブ（OneWeb）から計29回の打ち上げを受注した。また、ブルーオリジンもワンウェブから5回の打ち上げが予約されたと発表している。双方ともに、打ち上げる衛星機数は公開されていないが、ワンウェブ全体では第1世代として約700～900機、第2世代として200

スペースXの大型ロケット「ファルコン9」の第1段の回収

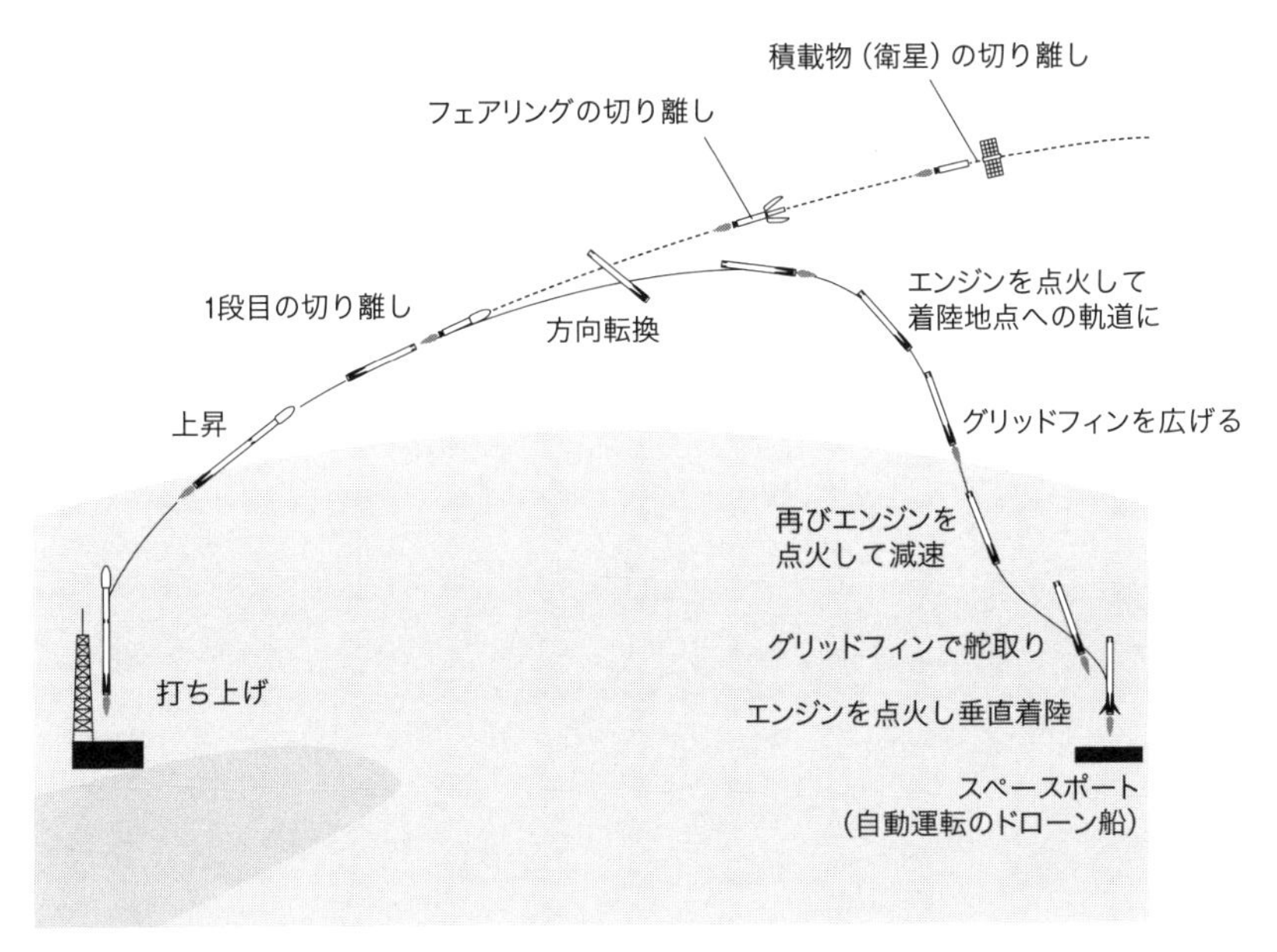

出所：SpaceXウェブサイト

0機の衛星打ち上げを計画している。

そしてスペースXは自ら衛星インターネット網の構築を計画しており、将来的には衛星と打ち上げサービスの垂直統合による競争力強化を狙うことも予想される。

［小型ロケット］

今後需要が伸びるのは小型衛星の打ち上げ市場だ。これまで小型衛星を打ち上げる手段は、①大型衛星を打ち上げる大型ロケットの空きスペースを活用して相乗りする、②国際宇宙ステーションから放出する、③複数の小型衛星をまとめて大型ロケットで打ち上げる、という方法などであった。

しかしながら、こうした打ち上げは小型衛星プレイヤーからすると課題も多い。相乗り打ち上げは、あくまで大型衛星が主顧客なため、小型衛星は打ち上げ時期や衛星の投入軌道を選ぶことができない。多数の衛星のまとめ打ち上げは似たような投入軌道でないと同時に行うことができない。小型衛星の打ち上げには様々な課題が存在する。

このような課題を踏まえて、世界的に取り組みが進むのが小型衛星専用の打ち上げ手段の開発である。この分野ではベンチャー企業の動きが活発だ。

有力企業の1社が米国およびニュージーランドに拠点を持つロケットラボ（Rocket Lab）だ。2006年に創業した同社は150キログラムの衛星を高度500キロメートルの軌道まで打ち上げるための小型ロケット「エレクトロン」を開発している。エンジン製造に3Dプリンターを活用しており、24時間ごとにエンジンを量産できるという。同社が目指すのは、打ち上げコストの低下だけではなくて、打ち上げ頻度の増加であり、毎週の打ち上げを目指している。

これまでにベッセマー・ベンチャー・パートナーズ、コースラベンチャーズなどのベンチャーキャピタル、大手航空宇宙企業のロッキード・マーチン（Lockheed Martin）などから出資を受けるなど、総額で約1億5000万ドルを調達。企業価値は10億ドル以上ともいわれている。また、小型衛星インフラの構築を目指すプラネット（Planet）やスパイア（Spire）との間で複数回の打ち上げ契約を結んでいる。ロケット開発とともに世界初の民間打ち上げ射場（ロケットの打ち上げをする場所）をニュージーランドに2016年9月に建設、さらには2017年5月に初の試験打ち上げを実施、宇宙空間に到達した。

もう1社の有力企業はヴァージン・オービット（Virgin Orbit）だ（2017年にヴァージン・ギャラクティックから分社）。同社は小型衛星の打ち上げサービスを目指しており、空中発射ロケット「ランチャーワン」の開発を進めている。母機となる航空機にロケットを搭載して離陸した後、ロケットを分離し、自由落下しながら第1段に点火して衛星を地球低軌道に投入する仕組みだ。

　同社の発表では、既に数億ドルの打ち上げ契約を保有しているという。例えば、ワンウェブとの間には39機の打ち上げ契約を、スカイ・アンド・スペース・グローバル（Sky and Space Global）からは4回の小型衛星打ち上げを受注している。初打ち上げの前に受注が殺到するのは異例であり、大きな期待の表れでもある。現在サブシステムと主要コンポーネントのハードウェア試験を実施しており、最初の打ち上げは2018年と発表されている。

　また、元スペースX副社長がCEOを務めるベクター・スペース・シ

小型衛星専用ロケットの開発

	ロケットラボ	ヴァージン・オービット
事業概要	▶**小型衛星専用の打ち上げを行う小型量産ロケットの開発と打ち上げを計画** • エンジン製造を3Dプリンターで実施 • 将来的に週次打ち上げを目指す	▶**射場の自由度が高い小型衛星打ち上げサービスを計画** • 母機となる航空機にロケットを搭載して離陸、その後ロケットを分離、自由落下しながら第1段に点火して衛星を地球低軌道に投入
進捗状況とロードマップ	▶**2016年に世界初の民間打ち上げ射場を建設** ▶**複数社と打ち上げ契約を発表** • NASAやプラネット、スパイア、ムーン・エクスプレスと打ち上げ契約を締結済み ▶**2017年5月に初の試験打ち上げを実施**	▶**数億ドルの打ち上げ契約を発表済み** • ワンウェブ、スカイ・アンド・スペース・グローバルとの契約を発表 ▶**最初の打ち上げは2018年と発表されている**

ステムズ（Vector Space Systems）も小型ロケット「ベクターR」「ベクターH」を開発中だ。２０１６年創業の若い企業だが、すでに３０００万ドルを調達しており、２０１８年または２０１９年の実用化を目指している。

小型衛星専用ロケットの開発は日本でも行われている。２０１７年1月、ＪＡＸＡ（宇宙航空研究開発機構）は、世界最小級の小型衛星搭載ロケット「ＳＳ５２０」４号機の打ち上げ実験を行った。途中で第2段モーターの点火を中止したが、目的は民生技術を用いてロケット・衛星の開発を行い、重さ3キログラム程度の超小型衛星の打ち上げの実証を行うことだった。また、インターステラテクノロジズも小型ロケット開発を進めており、２０１７年7月には観測ロケット「ＭＯＭＯ」の実証を北海道で実施した。

期待が高まる小型衛星専用のロケット開発だが、新市場ゆえの課題に直面する企業もある。ファイアフライ・スペース・システムズ（Firefly Space Systems）は同分野の有力企業と目されてきたが、英国のＥＵ離脱問題の影響もあり、欧州系の投資家が資金を引き揚げることとなり、開発を一時中断した。その後、新しいオーナーの下で、ファイアフライ・エアロスペース（Firefly Aerospace）として再出発した。

2-2 衛星インフラの構築

［観測衛星］

観測衛星の主たる用途はリモートセンシングだ。リモートセンシングとは、衛星や航空機に搭載したセンサー（可視光領域の光学センサーやレーダーなど）を用いて地球観測を行うことだ。これによって土地利用、森林、農作物などの状況、海面の温度や色、雲の状態など様々な情報が得られる。その用途は気象観測、地図作成、陸域・海域監視など多岐にわたる。天気予報でおなじみの気象衛星「ひまわり」は衛星によるリモートセンシングの代表例だ。また、「グーグルマップ」にも衛星画像が活用されている。

衛星によるリモートセンシング市場は、世界全体で約2000億円と言われており、年率10％程度の高成長が見込まれている。従来は公的機関が自らの目的に応じて衛星を保有することが主流であったが、近年は公的機関が民間の衛星運用企業からサービス購入をするケースが拡大し、さらに衛星画像の民間利用も拡大している。

この分野で最大の売り上げを誇っているのが、デジタルグローブ（Digital Globe）だ。同社は1992年に創業した衛星画像を提供する企業で、2002年に米国政府と長期契約を結び、2012年には同業のジオアイ（GeoEye）と合併して、売り上げは約600億円に上る。同社は米国のＮＧＡ（National Geospatial-Intelligence Agency：国家地理空間情報局）が大口顧客で、政府向けビジネスが売り上げの80％以上を占める。その一方で、グーグルなどの地図サービスを提供するベンダーも顧客である。

同社の衛星は画像品質と解像度の観点で群を抜いている。2014年8月に商用では世界最高の分解能31センチメートルという光学地球観測衛星「WorldView-3」を打ち上げた。従来、米国では50センチメートル以下の物体が写る画像を企業が一般公開することは禁じられていたが、2014年6月に法改正がなされて25センチメートルまでの画像販売が可能になった。

ベンチャー企業からも新たなコンセプトが生まれている。そのキーワードは「小型化」と「量産化」だ。現在、欧米の衛星ベンチャー企業では数十～数百キログラムの小型衛星を量産し、数十機から数百機を地球低軌道（高度数百～2000キロメートル程度）に打ち上げて、全体を1つのシステムとして連携させるというコンステレーション計画が多数進んでいる。（複数衛星を連携する〝コンステレーション（星座）〟というアイデアは古くからあり、イリジウム・サテライト・コミュニケーションズ（Iridium Satellite Communications）などが実現済み）。品質と解像度ではなくて、1日1回以上など高い撮影頻度が特徴だ。

この分野のコンステレーション構築で最も進んでいるのは、サンフランシスコに本社を構えるプラネット（Planet）だ。同社は可視光領域において分解能3〜5メートルの超小型衛星を既に150機ほど打ち上げており、2017年2月にはインドの国産ロケット「PSLV」により88機の小型衛星を同時に打ち上げたことが話題になった。

同社は〝アジャイル開発〟の手法を衛星開発に取り入れている。技術進化の著しい民生用電子部品の適用も進めることで、わずか数年の間に衛星のバージョンを10回アップデートしている。個々の衛星の寿命が尽きる前に、アップデートされた新規衛星を打ち上げ、随時リプレイスしていくことが基本コンセプトであり、開発5年、運用10年と言われる大型衛星とはまったく異なるモノ作りの考え方だ。

そして2015年に同業のブラック・ブリッジ（Black Bridge）を買収し、同社が運用していた約5メートル分解能の「ラピッドアイ」という衛星を獲得した。さらに、2017年2月にはグーグル傘下にあった衛星ベンチャーのテラベラ（Terra Bella）の買収を発表した。テラベラは、2014年当時、5億ドルでグーグルが買収したことで注目を浴びた企業だ。1メートル未満の分解能を持つ独自衛星「スカイサット」を設計・開発し、大手航空宇宙企業のスペースシステムズ・ロラール（SSL）に衛星製造を委託し、現在までに7機を配備している。

さらに衛星データの処理には分散処理プラットフォーム「Apache Hadoop」を活用するなど、

話題を集めてきた。ここ2年の買収劇を経て、プラネットはリモートセンシング分野におけるトップランナーとなった。

また、近年は可視光センサー以外の多様なセンサーを搭載した小型衛星開発も進んでいる。サンフランシスコに本社を構えるスパイア（Spire）は20機以上の衛星を打ち上げており、今後も数十機を打ち上げる予定だ。同社の衛星には船が発信するＡＩＳ信号（位置情報およびその他船体の状態情報を発信・受信する仕組み）を受信するセンサー、および詳細な気象データを観測するためのＧＰＳ電波掩蔽センサーなどが搭載されている。他方で、設計から打ち上げまでを数カ月で行うことができ、同時に10機以上の衛星を生産するなど、非常にスピード感あふれるモノ作りを行っている。

このほか、ＳＡＲ（合成開口レーダー）にも注目が集まる。可視光センサーでは夜間や悪天候時には観測ができないが、レーダーであれば24時間の観測が可能だ。従来ＳＡＲ衛星といえば重量で数トン、開発費は数百億円が一般的であったが、近年は小型ＳＡＲ衛星開発が進みつつある。サンフランシスコに本社を構えるカペラスペース（Capella Space）は２０１７年５月に１２００万ドルの資金調達を行った。同社は２０１９年、２０２０年、２０２１年に12機ずつの衛星を打ち上げて、解像度１メートルのＳＡＲ画像データを提供することを目指している。小型ＳＡＲ衛星の開発は日本でも進んでおり注目が集まっているが、詳細は後述する。

［通信・放送衛星］

通信・放送も衛星の主たる用途の一つだ。現在運用中の商用衛星の半数は政府用および民間用の通信衛星が占めている。世界の衛星通信市場は先進国では横ばいが予測されるが、東南アジア、オセアニア、ラテンアメリカ、アフリカなどでは今後も成長が見込まれている。

衛星通信は、赤道上の高度３万６０００キロメートルの静止軌道に大型衛星を配備して行うのが主流だ。そして近年の技術トレンドでは従来比10倍の大容量高速通信を可能にするＨＴＳ（High Throughput Satellite：大容量通信衛星）の技術開発が進む。具体的には、マルチスポットビーム（周波数の再利用を可能にする技術）、デジタルビームフォーミング（通信需要に応じてサービス提供エリアを柔軟に変更可能にする技術）、チャネライザ（通信需要の変化に応じて接続先を切り替える技術）、オール電化（従来の化学推進系を電気にすることで軽量化を実現する技術）などが求められている。

こうした技術開発をリードしているのがエアバス（Airbus）、スペースシステムズ・ロラール（Space Systems/Loral）、ボーイング（Boeing）、タレス・アレニア・スペース（Thales Alenia Space）などに代表される欧米航空宇宙企業だ。

内閣府公表資料によると２００１～２０１４年の商用静止衛星の欧米企業の合計シェアは

80％以上に上っており、また直近5年間２０１１年～２０１６年の合計でも同様に80％を超えている。こうした欧米企業の背後には、政府プログラムで開発された技術成果の商用衛星への転用や、官民連携した大規模調査・検討プロジェクトなども存在する。

また、静止軌道ではなく、昨今は高度数百～２０００キロメートルに小型衛星コンステレーションを配備して、地球規模の通信網を構築する次世代低軌道衛星通信が注目を集めている。静止衛星通信網に比べて高度が低いため、通信遅延が短いなどの特徴がある。

その分野の先頭を走るのがベンチャー企業のワンウェブ（OneWeb）だ。同社のＣＥＯ、グレッグ・ワイラー氏は、過去20年間衛星を活用したインターネットインフラを構築するビジネスを展開してきた。同氏は「世界にはインターネットに接続できない40億人がいる。そこに安くて高速なインターネットのインフラを提供する」と語る。２０１５年にインドの通信大手バルティ・エアテル（Bharti Airtel）、米衛星通信大手インテルサット（Intelsat）、そしてコカ・コーラなどから5億ドルの資金を調達しており、２０１６年には日本のソフトバンクが10億ドルの投資を発表した。

同社の衛星コンステレーションの仕様は流動的だが、ソフトバンクの決算発表では７２０機の小型衛星を高度１２００キロメートルに打ち上げ、地上側にはゲートウェイ局および受信用のユーザーターミナルを設置、通信速度は最大で下り（ダウンロード）２００Ｍｂｐｓ、上り

（アップロード）が50Ｍｂｐｓと光ファイバー並みだ。周波数帯域は当面はKuバンド（12～18ギガヘルツ）および中長期的にはKaバンド（27～40ギガヘルツ）が想定される。

衛星製造はエアバスとの協力でフロリダに衛星量産工場を建設して週15機の衛星を製造、打ち上げはアリアンスペースなどと契約し、２０２０年までに初期の衛星配備を目指している。最新情報では、ワイラー氏は衛星機数を２６２０機に増やすことも検討しているという。

次世代の低軌道衛星通信網の構築を目指すプレイヤーは他にも存在する。イーロン・マスク氏が率いるスペースXもその1社だ。同社は、２０１６年11月、ＦＣＣ（米連邦通信委員会）に対して高度約１１００～１３００キロメートルに４４２５機の衛星を打ち上げる計画をライセンス申請した。かつてマスク氏は「スペースXにとって衛星インターネット事業は長期的な収入源と見ており、将来的な人類の火星移住計画の資金源になる」とビジネス構想を語っている。

航空宇宙大手のボーイングも同様の計画を検討しており、こちらも２０１６年にはＦＣＣに対して衛星コンステレーションのライセンス申請をしたと報道された。同社は需要に応じて最大２９５６機まで衛星を増やす計画を持っており、周波数帯域にはＶバンドも想定しているとのことだ。

また、既存の大手衛星通信事業者も動いている。日本の衛星通信大手のスカパーＪＳＡＴは

各社の次世代低軌道衛星通信網のコンセプト

ワンウェブ

▶ 720機〜2620機（流動的）の衛星の打ち上げを計画

- 2015年6月に5億ドル、2016年10月にはソフトバンクから10億ドルの投資を受ける
- 周波数は主にKu帯を想定
- 創業者のグレッグ・ワイラー氏は「2027年までにグローバル情報格差をゼロにする」という目標を掲げ、十分なネット接続環境がない40億人へのネットインフラ構築を目指す
- 初打ち上げは2018年に、サービス開始は2020年の予定

スペースX

▶ 4425機の衛星の打ち上げを検討

- 2016年11月、FCCに上記衛星の打ち上げ、運用の承認を申請
- 初期的には、800機の衛星を用いて米国、プエルトリコ、ヴァージン諸島へのインターネット環境の提供を計画
- Phase1として1600機、Phase2として2825機の打ち上げを想定
- 周波数はKu帯、Ka帯を想定

ボーイング

▶ 2956機の衛星の打ち上げを検討

- 2016年、FCCに上記衛星の打ち上げ、運用の承認を申請
- 承認後6年以内に1396機を打ち上げ、10年以内にすべてを完了する計画
- 周波数はV帯を想定
- 別途Ka帯の衛星コンステレーションもFCCに申請済み

２０１７年５月、低軌道衛星通信事業者の米レオサット（Leosat）と戦略的パートナーシップと出資に関する合意を発表した。同社は今後最大１０８機の低軌道通信衛星を配備する計画だ。衛星間通信を用いたネットワークを特徴とした、低遅延かつ高セキュリティの通信を可能にするという。

低軌道通信衛星コンステレーションには、過去に苦い事例がある。１９９０年代に当時のモトローラが推進した衛星による携帯電話システムのイリジウムだ。高度７８０キロメートルの低軌道に77個の衛星を打ち上げてコンステレーションを組み、地球規模での衛星携帯電話システムを構築するという構想で、１９９８年から商用化が始まった。

しかし、当時は電話機自体が大きく高額だったことなどもあり、加入者数は増えず、また懸念されていたインフラ投資負担の重荷も重なり、事業開始後1年で破産手続きとなった。イリジウム計画が構想から実現まで10年を要している間に、セルラー方式による携帯電話システムの技術が進化したことも大きかった。

［測位衛星］

カーナビゲーションや地図アプリなどを支えている測位衛星は我々の生活に馴染み深い宇宙

インフラと言える。通信衛星や観測衛星と異なるのは、測位衛星に関しては各国政府機関が主導して開発・運用されてきている点だ。

米国が運用する全地球衛星測位システムのGPS（Global Positioning System）はその名前を聞いたことのある方も多いだろう。GPSはもともと安全保障目的で1970年代から配備が始まった。現在31機体制で運用されており、民生・科学・商業目的のユーザーに対してGPS信号の無料提供がなされている。運用中の衛星は第2世代だが、今後の政策的方向性は、GPS能力の改善、他国の全地球衛星測位システムとの相互運用や互換性確保、サービス展開の奨励などが掲げられており、2018年以降に第3世代の打ち上げが始まる計画だ。

そして近年は米国以外の各国が独自の測位衛星システムを構築してきている。欧州ではEU（欧州連合）とESA（欧州宇宙機関）の共同プロジェクトとして、独自の全地球衛星測位システム「ガリレオ」の構築を進めており、2020年を目標に予備機も含めて30機体制を目指している。EUが政策およびハイレベルなミッション要件の定義を行い、ESAが設計・開発などを行うという役割分担だ。また「ガリレオマスターズ」と呼ばれるビジネスコンテストを開催するなど地上における利活用促進にも力を入れている。

ロシアも独自の全地球衛星測位システム「グロナス」を配備してきており、24機体制で運用が行われている。国内外での普及・利用促進も行っており、2015年1月からはロシア、カザフスタン、ベラルーシにおいて、交通事故や車両故障などの緊急事態に対応するための緊急通報システムとして、自動車に受信端末を搭載することが義務付けられている。

中国も独自システムである「北斗（Beidou）」の配備を進めている。既に20機以上を打ち上げており、2020年に35機体制を目指す。中国は北斗の利活用を進めるべく、アジア・太平洋地域への営業活動を積極的に展開しており、シンガポールで毎年行われる宇宙カンファレンスの「グローバル・スペース＆テクノロジー・コンベンション（GSTC）」でも積極的なプレゼンテーションが目立つ。

このように各国が独自測位システムを構築する中、日本も準天頂衛星システムの配備を進めている。その目的はGPS信号の補完・補強や独自の高精度測位サービスの実現だ。2018年4月以降に4機体制でのサービスを開始し、数センチメートル級の高精度を実現、2023年度をめどとして7機体制の確立を目指している。

なお、準天頂軌道とは赤道面上にある静止軌道に対して軌道面を40～50度傾けた楕円軌道で、静止軌道と同様に地球の自転と同期して約24時間で1周する。東経135度近傍を中心とした8の字を描き、日本の真上に長く滞在するという特徴を有する。

また、測位システムの相互補完・運用なども進んでいる。内閣府とEC（欧州委員会）は2017年3月に、衛星測位を活用した重点産業分野の特定と新事業・サービスの創出に向けた日欧間の政策協力の強化のための取り決めを締結した。

このように2020年前後を目標に、各国の全地球衛星測位システムの構築が予定されており、それらを利活用したサービス開発も同時並行で進んでいる。

［地上インフラ］

宇宙空間の衛星とともに重要なのが地上側設備だ。例えば衛星通信であれば、衛星管制局や地上通信網とのインターフェースとなるゲートウェイ局などの地上設備が必要となる。こうした地上局設備は、衛星オペレーター自らが設置・運用するか、専門のサービスプロバイダーを利用することもできる。

例えば、南極を含む世界約20カ所に地上局を保有し、サービス提供を行っているのが、ノルウェーのKSAT（Kongsberg Satellite Services）だ。従来は大型衛星向けサービスを中心に行ってきた同社であるが、昨今は需要が拡大する小型衛星向けに「KSAT Lite」という小型アンテナの配備と展開を進めている。同社は、2016年には日本のスカパーJSATと戦略的業務提携を締結し、アジア・太平洋地域の低軌道衛星向け地上局サービス事業を行っていくことを発表した。

また、この分野では新たなサービスモデルも出始めている。地上局設備は、その設備の上空を衛星が通る前後10~15分のみ通信を行うため（低軌道衛星の場合）、非稼働時間が多い。この非稼働時間を集約して、衛星管制・運用のための通信リソースを、複数事業者間でシェアするサービスだ。結果として自社で地上局設備を保有するよりも効率が良く、運用コストが下がる可能性がある。こうした新たなシェアリングモデルの事業展開を、日本のインフォステラ（Infostellar）などのベンチャー企業が開始している。

また、地上インフラにはエンドユーザー側の設備や機器も必要だ。例えば、衛星通信・放送の受信アンテナやユーザーターミナル、測位衛星の信号を受信するためのチップなどだ。衛星通信・放送の受信アンテナというと家庭に設置された小型のパラボラアンテナをイメージすると思うが、トヨタ自動車は平面型の受信アンテナを搭載した燃料電池車「ＭＩＲＡＩ」を発表している。この革新的な受信アンテナを開発したのが、ワシントン州レドモンドに本社を構えるカイメタ（Kymeta）だ。

カイメタは、発明家支援企業のインテレクチュアル・ベンチャーズ（世界中の発明家と提携し、イノベーションが必要な領域を特定して、発明家によるアイデア創出と特許取得を支援。その特許をライセンスする企業）から２０１２年にスピンオフした企業だ。スピンオフ時にビル・ゲイツ氏などから１２００万ドルの資金調達を行っており、２０１４年には２０００万ドル、2016年には6000万ドルと、年々その額を増やしてきている。2017年4月にはビル・ゲイツ氏が7350万ドルを追加投資している。

同社のコア技術は、創業者であるネイサン・クンツ氏のデューク大学大学院時代の研究成果に基づく、メタマテリアル表面アンテナ技術だ。液晶技術とソフトウェアを用いることで、パラボラ形状のアンテナを使わずに衛星を補足できる電子ビームステアリングが使用されており、アンテナを平面化や小型化できる。IoT化の流れの中で様々な議論がなされているコネクテッドエアクラフト（航空機）、コネクテッドシップ（船）、コネクテッドカー（自動車）などへの適用が期待されている。

同社はこれまでに、業界向けのアプリケーション開発のための提携を多数行ってきた。航空機分野においては、2013年に衛星通信大手のインマルサット（Inmarsat）、2015年にハネウェルと提携。インマルサットの通信回線とカイメタのアンテナを使い、ハネウェルとの連携でブロードバンドサービスを実現することを目指している。2017年には日本のスカパーJSATとの間で、スカパーJSATの顧客向けにカイメタ独自の技術を利用する戦略合意もしている。

自動車分野では、トヨタ自動車とは共同研究開発だけでなく、未来創生ファンドから約500万ドルの出資も受けている。また、衛星通信大手のインテルサットとの間でも提携を行っており、インテルサットが提供するＨＴＳ（High Throughput Satellite）技術とカイメタのアンテナ技術を使うことで、コネクテッドカーへの通信インフラ構築を狙う。既に８０００マイルの実証実験を行い、商用アンテナの出荷を計画している。衛星利用技術への投資がますます過熱することは間違いない。

2-3 衛星および衛星データ利活用

［衛星ビッグデータ（ジオ・インテリジェンス）］

衛星インフラ構築以上に市場規模が大きいのが、地上における衛星および衛星データ利活用産業だ。

衛星による観測データの利活用は、従来は画像データ販売という形で行われており、またその用途も政府需要や安全保障がメインであった。しかしながら先述のように数十機から数百機の小型衛星コンステレーションを構築する動きが出ており、1日1回など高い撮影頻度のデータ提供が行われ、さらに画像解析に人工知能や機械学習が活用されることで、データ利活用が大きく変わりつつある。最終顧客に届ける価値も高度化しており、データからインフォメーション（情報）、インフォメーションからインサイト（事業経営への示唆）、インサイトからビジネス・アウトカム（事業の結果）へと変わってきている。

それらを実現するために、産業構造も変わってきており、市場には衛星データプラットフォームを構築する企業、画像データ解析に特化する企業、衛星データと他データを統合してユーザー向けのアプリケーションやソリューションを作る企業が出てきている。

データプラットフォーム構築

衛星データの利活用を進める上で課題と言われるのが、データへのアクセス、処理、解析などが特殊であり、衛星画像のエキスパートでないと扱えなかったり、他のアプリケーションとの統合が容易に行えなかったりすることだ。こうした課題を解決するために、昨今世界ではアマゾン・ウェブ・サービス（AWS）などのパブリッククラウドサービスを活用し、いわゆるAPIエコノミーに統合できる形で衛星データプラットフォームを構築する動きが進んでいる。

先述の衛星ベンチャー企業プラネットも衛星の開発・製造・運用に加えて独自のデータプラットフォーム構築を行っており、自社衛星のデータに加えて、米国の政府衛星である「ランドサット」のデータや欧州の政府衛星である「センチネル」のデータなども既にプラットフォームに統合している。さらには買収したブラック・ブリッジが運用していた分解能5メートルの衛星「ラピッドアイ」の過去6年分のデータを獲得、さらにテラベラ買収により同社が保有していた過去データも取得、いずれプラットフォームに統合されるとみられる。

同様の動きは、政府保有衛星に関しても進んでいる。USGS（米地質調査所）とNASAの合同プロジェクトである地球観測衛星ランドサットは、2008年後半から一般に撮影データの無償公開を行ってきたが、２０１５年にはアマゾンが展開する「AWS Public Data Sets」のプラットフォームを活用すると発表、現在約８万５００点の衛星データを公開している。ランドサットのデータは公共機関と民間企業が、農業や林業、都市計画、災害復旧など様々なプロジェクトに利用している。

また米国では政府が保有するデータをオープン&フリーで公開する動きが近年加速している。その流れの中で、NOAA（米海洋大気庁）は２０１４年に「Climate Data Initiative」を立ち上げた。さらにその一環として、２０１５年には「Big Data Project（BDP）」

衛星ビッグデータビジネス

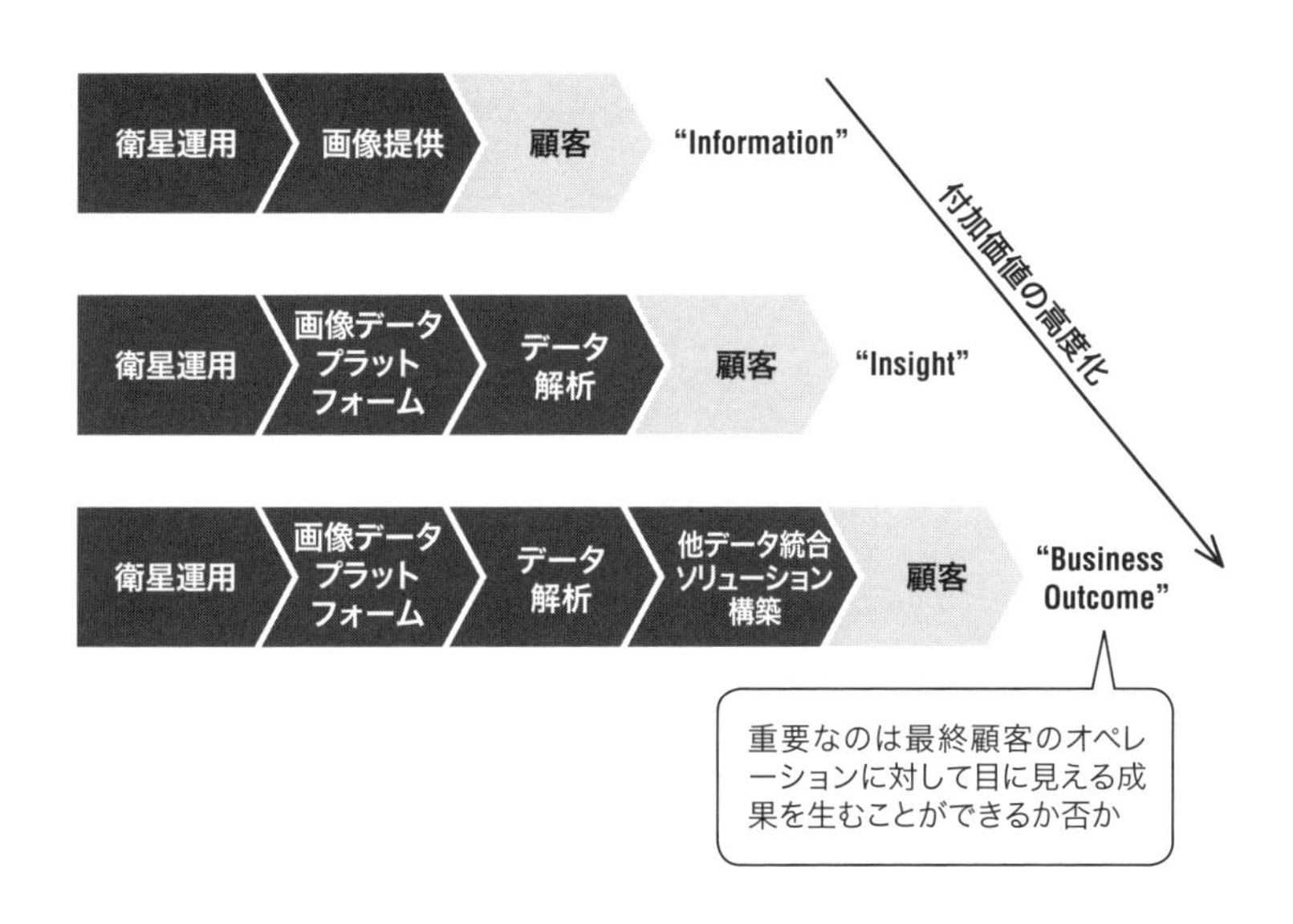

と呼ばれるプロジェクトを始めている。同プロジェクトの背景には、NOAAの気象データのアクセスに課題があり、利活用が特定業界に閉じていたことがある。企業の意思決定プロセスやアプリケーション、製品、サービスを高度化していくことが目的とされている。

NOAAでは衛星だけでなく航空機や地上に設置される気象ステーションを通じて、日々20テラバイト以上のデータを収集している。こうした気象データに広く容易にアクセスできるようにするために、民間大手クラウド企業のグーグル、アマゾン・ウェブ・サービス、IBM、マイクロソフト、オープン・クラウド・コンソーシアムと提携した。5社が構築するクラウドプラットフォームに対して、NOAAが保有するデータを原則オープン&フリーで公開する。

最初に成果を上げたのは「NEXRAD」と言われる高解像度気象レーダー網のデータセットだ。このデータは様々な産業で使われてきたにもかかわらず、データフォーマットは特異なもので、テープアーカイブされていたためアクセスに時間がかかり、圧縮ファイルでも300テラバイト近いサイズになるなど、利用上の課題を多数抱えていた。しかし、2015年にはAWS上で公開され、そうした課題が解決した。NOAAとクラウド企業5社は3~5年のCRADA(共同研究契約)を結んでおり、今後もデータセットを拡大していく見込みだ。

同様の取り組みは、欧州でも進んでいる。欧州で毎年行われる観測衛星ビジネスのアイデアコンテスト「コペルニクスマスターズ」において、2016年に優勝したのがスロベニアのソフトウェア企業シナジーズ（Sinergise）だ。同社が提供する「センチネル・ハブ（Sentinel Hub）」は、センチネル衛星が取得する地球観測データの処理、配付、解析を行うためＧＩＳ（地理情報システム）プラットフォームであり、汎用的なクラウドサービスであるＡＷＳを活用している。

センチネル・ハブではクラウド技術を活用することで複数の課題を解決した。一つ目はデータアクセスとデータ処理を容易にしたこと。これによりユーザーは衛星画像ピクセルごとのシャッフル作業などの単純業務から解放される。二つ目は簡易解析ツールも提供されており、衛星画像のエキスパートでなくても利用できること。三つ目は衛星データをデスクトップ、ウェブ、モバイルなどの様々なＧＩＳアプリケーションに容易に統合できるようにしたことだ。これらによりユーザーはアプリケーション開発に専念できるようになった意味は大きい。

画像解析

データプラットフォームの次に重要になってくるのが、画像データ解析だ。衛星データ量が拡大する中、データ解析に人工知能と機械学習を活用する企業が出てきている。

シリコンバレーで注目の衛星画像データ解析のベンチャー企業オービタル・インサイト（Orbital Insight）は、２０１５年に約９００万ドル、２０１６年には約２０００万ドル、２０１

7年に約5000万ドルの投資を受けている。創業者兼CEOのジェームス・クロフォード氏は、過去にグーグル、気象データ解析ベンチャーのクライメート・コーポレーション（Climate Corporation）、NASAなどを渡り歩いてきた、AI（人工知能）やイノベーションソフトウェアのエキスパートである。

同社の強みは機械学習による画像解析アルゴリズムだ。衛星およびドローン画像の中から地上の様々な物体、例えば、ビル、飛行機、道路、駐車場に止まっているクルマなどを人工知能が認識してカウントすることができる。これによって地球規模の変化を素早く捉えることが可能になる。活用する衛星画像は、デジタルグローブ、エアバス、プラネットなど複数社と提携をしている。既に同社がアルゴリズムを開発したものは商用サービスとして購入することができる。新規の物体認識など解析アルゴリズム開発が必要な場合には、顧客企業との間で開発・実証プロジェクトを実施する。

同社は、これまでに米国政府、大手資産管理会社60社以上などと契約・提携を行ってきている。例えば世界銀行とのプロジェクトは注目されている。世界銀行は、各国の貧困度調査を行っているが、従来の航空写真では判別ができなかったり、危険地域での情報収集が困難だったりしたため、数十カ国で調査が十分にできていなかった。そこにオービタル・インサイトの技術を使い、家やクルマの数、ビルの高さ、農地面積などを測定することで、経済発展指標とし

衛星ビッグデータ企業

オービタル・インサイト

- ▶ **機械学習を活用して衛星やドローンの画像の中から様々な物体を認識、カウントするサービスを実施**
  - ・画像から車の台数をカウントし、小売店の駐車場の混雑状況をモニタリング。繁閑の傾向や各種イベントの効果を迅速に把握
  - ・画像から全世界の石油備蓄タンクの数・サイズ等を計測、公式統計にないものも含めた網羅的な石油備蓄タンクDBを構築
- ▶ **衛星自体は保有せずに、欧エアバス、米プラネット、米デジタル・グローブなど複数の衛星企業から画像を購入**
- ▶ **グーグルやNASAなどを渡り歩いてきたAIのスペシャリストであるジェームス・クロフォード氏が率いる**
- ▶ **これまで合計8000万ドル近くを資金調達**

デカルト・ラボ

- ▶ **機械学習を適用して農業における穀物収穫量予測のビジネスを展開**
- ・2017年3月にはDARPA（米国防高等研究計画局）から150万ドルの開発支援。中東・アフリカでは、食糧問題が政治的安定や民族移動とつながるため、その先行指標となる穀物収穫量をモニタリング、予測、解析するケイパビリティを構築するのが目標
- ▶ **ロスアラモス国立研究所から2014年にスピンアウトしたベンチャー。創業者のマイク・ウォーレン氏は宇宙の素粒子1兆個のシミュレーションをした経験を保有**
- ▶ **これまで800万ドルを資金調達**

てのデータ収集を検討している。現在はスリランカ地域での衛星画像分析結果と、世界銀行が保有するデータを比較することで、画像分析結果の有用性を検証している段階だ。

同じく衛星データ解析ベンチャーのデカルト・ラボ（Descartes Labs）は機械学習を適用して農業における穀物収穫量予測のビジネスを展開している。同社はロスアラモス国立研究所から2014年にスピンアウトしたベンチャー企業で、共同創業者のマイク・ウォーレン氏は宇宙の素粒子1兆個のシミュレーションなどの経験がある。これまでに800万ドルを資金調達している。2017年3月にはDARPA（米国防高等研究計画局）から150万ドルの開発支援も受けた。中東・アフリカでは、食糧問題が政治的安定や民族移動とつながるため、穀物収穫量をモニタリング、予測、解析するケイパビリティを構築して、地域紛争に対する介入や人道支援などの意思決定の高度化に役立てることが目的と言われている。

他データ統合

衛星データバリューチェーンの最も顧客側にいるのが、衛星データと他データを統合して、最終顧客にソリューションを提供する企業だ。この領域は宇宙ベンチャーではなくて、産業別にアプリケーションやソリューションを開発するサードパーティー企業が主役だ。現在米国で注目されている分野であり、農業、エネルギー、金融、気象分野などが注目を集めている。

農業分野では、最終顧客向けのアプリケーション開発企業として、クライメート・コーポレーション、ファーマーズ・エッジ（Farmers Edge）、ファームログス（FarmLogs）などが主だった企業だ。

クライメート・コーポレーションは、衛星を含む気象データ、土壌環境、農地のデータを収集・解析して、農業従事者向けサービスおよび農業保険などを提供している。同社は２０１５年に種子販売を手掛けるバイオ企業のモンサント（Monsanto）に買収されたが、その背景には農業分野のデジタル化を進めるモンサントの戦略がある。モンサントは自社の主要事業である種子販売拡大のためにクライメート・コーポレートションのデータサービスを活用している。

気象分野ではウェザー・カンパニー（Weather Company）が注目企業だ。同社は衛星や気象ステーションの情報を統合して、高度な気象予測サービスを一般消費者および法人・業界向けに提供しており、２０１５年にＩＢＭに買収された。気象ビッグデータの領域において、顧客業界の理解と気象の専門家を抱えるウェザー・カンパニーと、ビッグデータ解析のためのインフラや資金提供ができるＩＢＭとのＷｉｎ‐ｗｉｎの買収であったと考えられる。

金融分野では先述したオービタル・インサイトが注目を集める。同社は世界の石油備蓄タンクの残量をモニタリングするサービスを行っており、衛星画像解析からこれまで業界統計に載っていなかった５０００の石油備蓄タンクを発見した（計２万タンク）という。具体的な顧客は各国政府や先物取引などを行う金融機関だ。また、これまでは可視光センサーのデータを使って、備蓄タンク表面にできる影などで備蓄量を推計していたが、同社のジェームズ・クロフォードCEOは「（内部の備蓄量によって温度が変わるため）赤外線を活用して表面温度を測ることで備蓄量が分かる。またSAR（合成開口レーダー）を活用することで（雲などがかかっていても関係なく）24時間の監視が可能になる」と語るなど、複数データの統合による観測情報の向上を見据えている。

政府機関も他データ統合を進めている。例えば、米国のNOAAの中心業務の一つがハリケーンの進路・勢力予測だが、その近年のトレンドは、ローカル単位での予測精度向上だ。NOAAでは竜巻発生やハリケーン進路を街のブロック単位で予測することを目指しており、衛星、航空機、気象バルーン、地上センサーの情報などを高度に統合し、水平分解能3キロメートルで予測できるモデルを2014年から本格運用している。

2016年8月には、NASAが所有する無人航空機「グローバルホーク」で気象データを収集し、ハリケーンの進路や勢力予測精度を向上する計画を発表した。NOAAの気象衛星が取得したハリケーンの広域データと、グローバルホークが収集する詳細な風速、湿度、気温データを組み合わせることで、精度向上を目指すのが狙いだ。検討チームは、「ハリケーンの予測能力に関しては、衛星データの向上、予測モデルの高精度化、コンピューティングの高速化により進歩しているものの、ハリケーンが急速に強まる仕組みについては理解を進める必要がある。予測精度の向上が人々の命や資産を守るのに役立つ」とコメントしている。

また、フランスの政府系宇宙機関ＣＮＥＳの関係企業であるＣＬＳは、ＳＡＲ衛星から抽出した船舶情報・海域情報と衛星ＡＩＳ（船舶自動識別装置）を組み合わせることで、違法漁船や油流出源をモニタリングするサービスを実施している。

水平分業化とエコシステムの構築

このように多層化が進む衛星データ利活用だが、既に買収や提携が加速し、産業構造が変わりつつある。

産業の上流にあたる衛星開発・製造・運用およびデータプラットフォーム構築分野では買収・統合が進んでいる。先述したように光学衛星コンステレーションはプラネットが中心だ。プラネットではブラック・ブリッジやテラベラの買収を通じて既存顧客を獲得。さらにＮＧＡ（米国家地球空間情報局）と計３４００万ドルに及ぶ契約を結ぶなど、顧客開拓を進めている。

他方、データ解析や他データ統合では分業と提携を進めている。自社による直接営業以外にパートナー戦略を推進しており、具体的には同社の画像をリセールするアライアンスパートナーと、プラネットのデータを基にエンドユーザー向けのアプリケーションを開発するアプリ開

プラネットのバリューチェーン

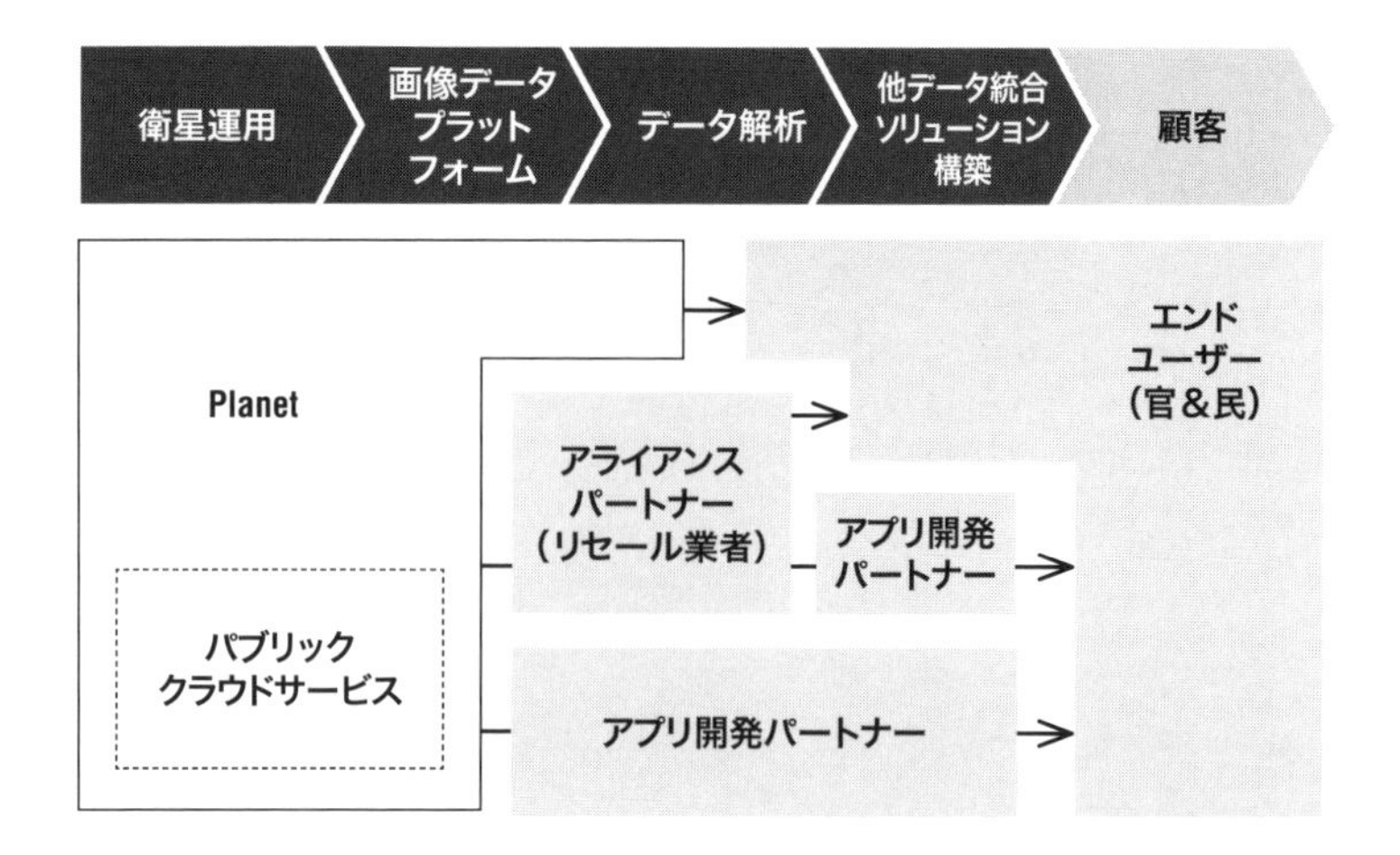

役割分担

自社

- 自社で直接営業部隊を保有
- ブラック・ブリッジ買収で顧客販路・アセット獲得
- グーグル傘下のテラベラ買収、グーグル向けに複数年契約を獲得
- NGAとの間に計3400万ドルの画像販売契約を締結

パートナー

- 衛星画像をリセールするアライアンスパートナーと、プラネットのデータを基にエンドユーザー向けのアプリケーションを開発するアプリ開発パートナーと提携

発パートナーが存在する。後者では、農業分野ではクライメート・コーポレーション、ファーマーズ・エッジ、ファーム・ログスと提携しており、金融分野ではオービタル・インサイトと提携した。産業全体に広がる水平分業モデルとも言える。

同じような水平分業は政府衛星データでも進む。先ほど紹介したNOAAのビッグデータプロジェクトでは、政府機関であるNOAAが衛星運用の継続性と高品質の衛星データ提供を行う。他方で民間大手クラウド企業が衛星データプラットフォームを構築し、さらにアプリケーションやソリューションを開発する事業者（サードパーティー）が多数参加して、エンドユーザーに対して価値を届けるエコシステムを構築している。

最終顧客向けのアプリケーション開発分野でも買収などが進む。先述のようにクライメート・コーポレーションがモンサントに買収された背景には、革新技術などに対する農業事業者特有の保守性があり、顧客チャネルと信頼されるブランドを保有する大手企業に取り込まれたほうが顧客開拓が容易にできること、他方で大手企業としては自社の差別化のためのベンチャー企業の革新技術を活用できることが買収劇の背景にあったといわれている。

衛星データマネタイズの肝

他方で、衛星データの利活用には、まだまだ課題も多い。ここ数年シリコンバレーで開催される宇宙ビジネスカンファレンス「スペース2・0（Space2.0）」では、初日に衛星データ解析に特化した「アース・ピクセルス（Earth Pixels）」というセッションが開かれており、産業分野別にユーザー企業が課題認識を述べて、それを受けてアプリケーション開発企業がパネル登壇する。ユーザー側から見た衛星データに対する客観的な見方がわかる場だ。

筆者は2017年に初めて参加したが、衛星データのマネタイズ（データを価値に変える）の肝の一つは、顧客産業に対する理解の重要性だと指摘された。「サービスを売るには、顧客の業務プロセスとペインポイント（悩みの種）を深く理解するために時間を使う必要がある」「アプリケーション開発企業は顧客業務を理解して、言語が分かる人を雇うことが重要だ」という声が多く、実際オービタル・インサイトでも、新規の画像解析アルゴリズムを組む場合には、顧客企業との間に開発、実証プロジェクトを行うとのことだ。

そして、「衛星データはSilver bullet（狼男を1発で倒す銀の弾という比喩から転じて、万能な解決策のことを指す）ではない、パズルのワンピースだ」「ベンチャー企業は信用を失うようなOver selling（誇大広告）をしてはいけない」「価値はデータではなく、インサイト（示唆）である」といったコメントが繰り返されていたことも印象的であった。データ統合により顧客企業の事業判断や経営判断を高度化することが求められている。

さらに、ユーザー企業に対するデータサービスの提供形態にも課題がある。従来から衛星データを活用してきたエネルギー企業大手のシェルは「新たなソリューションを導入する際に既存業務プロセスにうまく統合できること、契約形態やSLA（サービス品質保証）、ワークフローなどをシンプルにすることが重要だ。また解析や検知などは自動プロセスで行われて、意思決定段階のみを人間が行うようになるべき」と努力を呼び掛けた。

衛星インターネット（ユビキタス・コネクティビティ）

先述したように次世代の低軌道衛星通信網の分野には、世界の名だたる企業、勢いのある新興企業が次々と参入している。従来の静止衛星通信と低軌道衛星通信の役割分担に関しては、まだ不透明なところが大きいが、一般的に衛星通信に期待されるのは以下のような市場だ。

まず第1は、航空機、船舶などの通信手段や通信量が限られる一方で、ますますデータ活用のニーズが高まりつつある機器への新たな通信手段の提供である。通信需要全体からするとニッチな市場ではあるが、従来から衛星通信が使われており、航空機や豪華客船の市場拡大と合わせて今後の拡大も期待されている。

航空機の機内Ｗｉ－Ｆｉサービスは既に始まっているが、多くの乗客が動画などを見るようになると現状より大きな通信容量が求められる。また飛行機のＩｏＴ化は既に進んでいる分野だが、航空宇宙大手ハネウェル・エアロスペースによると、詳細な気象情報が取得可能になることで、運航計画をより良く改善でき、自然災害の回避や遅延・混乱の抑制につながる。あるいは飛行機が着陸、整備する前に、飛行機やエンジンの状況が遠隔把握できるようになり、メンテナンスのスピードアップが可能になるという。

船のコネクテッド化も取り組みが進む。近年は日本に寄港する豪華客船の数も増えつつあるが、こうした客船におけるブロードバンド環境の整備はニーズとして明確だ。

船のＩｏＴ化も様々な検討が進んでいる。インテルサットは船舶ＩｏＴの実証実験を２０１５年から実施している。ルクセンブルクのＳＥＳも２０１６年から船舶および海洋事業者向けの高速通信サービスの提供を発表している。日本でも国土交通省によるＩｏＴを活用した海事産業の生産性向上に向けた研究開発支援の取り組みが行われている。操船シミュレータによる運航支援、船体モニタリングによる安全設計、船用機器・システムの予防保全などの研究に、日本郵船、商船三井、スカパーＪＳＡＴが参加している。

第2に、マスを狙った市場としては、世界的に拡大が期待されるコネクテッドカーへの応用も期待されており、特に安定した通信が求められる緊急車両などが考えられる。さらに、現在インターネットに十分接続できていないと言われる30億～40億の人々へのインターネット接続インフラの提供、さらには今後人間の数を大きく超えていくＩｏＴデバイスの接続環境の提供などのマスマーケットにおいて、衛星通信が使われるようになるかは大きな論点だ。例えば、ＩｏＴ用の無線技術として注目を集めるＬＰＷＡ（Low Power Wide Area）ネットワークを提供するＳＩＧＦＯＸは、エアバスと協力することで地上通信と衛星通信を組み合わせたＩｏＴ／Ｍ２Ｍ通信サービス網を検討するプロジェクトに参画中だ。

ワンウェブに投資をしているソフトバンク社長の孫正義氏は、「最後の２％（の通信が届かない地域）というのは、本当に設備投資にお金がかかり、投資効率が悪い」とその限界を語る一方で、「（既存技術で）携帯事業者が1社で、一つの国で1兆円、２兆円使っているのに対して、全世界をカバーするワンウェブにかかる設備投資と固定資産の合計は1年間で１０００億円ちょっと」と既存技術との補完性や投資効率を強調する。

精密測位と自動化（オートノマス・モーション）

測位衛星の利活用は既に我々の生活に溶け込んでいる。自動車のカーナビゲーション、スマートフォンの地図アプリなどは日々使うアプリケーションだ。２０１６年に流行したゲーム「ポケモンＧｏ」でも位置情報は使われている。むしろ、当たり前に使われることで、それが宇宙から来ている測位信号を受信しているという事実を認識しないのではないだろうか。

そうした測位衛星の利活用はさらに発展している。2017年3月に行われた日欧GNSS（全地球衛星測位システム）官民ラウンドテーブルでは、分野別の測位衛星利活用が議論されたが、クルマの自動運転の実現、農業や建機への活用、鉄道の制御システムの効率化、自動航行船時代に向けた船舶開発などが活用事例として挙げられた。

キーワードの一つは自動化だ。例えば、デジタル化やIoT化が騒がれている農業分野においてはトラクターの自動化が検討されている。その仕組みは自動車の自動走行と同じように、カメラをはじめとする車載センサーとGPSなどを組み合わせて行われる。カメラやレーダーで前方確認や障害物検知をして安全確保し、GPSなどの測位衛星データをプライム情報として自己位置特定を行い、自動走行する。そのためには精度が重要であり、例えば稲作でトラクターのタイヤが稲を踏まないようにするためには、5センチ単位の精度が求められる。

こうした課題解決のために注目されているのが、トラクターに搭載されるGNSSモジュールだ。この分野をリードするマゼランシステムズジャパンのモジュールでは、GPSに加えて、ロシアの衛星測位システムであるGLONASSの信号もマルチ受信し、独自推計モデルを作ることで安定測位を実現する。またRTKシステム（衛星以外に、地上に固定基地局を構えて、そこからの補正情報を利用し、移動するトラクターの位置精度を高める方法）を導入することで高精度測位を可能にしている。なお、日本独自の測位衛星システムである準天頂衛星はセンチメートル級の測位を可能にすることが特徴であり、その整備が進めば、地上に固定基地局を置かない単独測位で高精度を実現するシステム開発も進むと思われる。

こうした取り組みは自動車分野でも検討されている。準天頂衛星システムと高精度3次元地図の協調活用をすることで、中長期的な自動運転支援システム実現への貢献が期待されている。三菱電機や自動車メーカーなど民間企業15社により、高精度3次元地図の整備を進めるためのダイナミックマップ基盤企画株式会社が設立されており、さらに2017年6月には同社に対して産業革新機構が出資することも発表された。

また、位置情報は航空機や船舶の高度な管制にも役立っている。例えば、船と船、または船と管制官の間では、無線を通じてAIS（Automatic Identification System：自動船舶識別装置）と呼ばれる信号のやりとりがされている。AIS信号に含まれる情報には、GPSで受信した自分の位置情報に加えて、コールサイン、船名、IMO（国際海事機関）番号、長さ、幅などの静的情報、および対地針路、対地速力、船首方位、航行状態、回頭率などの動的情報などが含まれており、船の衝突や港における管制などに役立っている。

通常こうしたAIS信号は沿岸部に設置されたレーダーにより受信されるが、沿岸より遠くなる場合には衛星を使って受信をするケースがある。先述したベンチャー企業スパイアは既にAIS受信センサーを搭載した衛星を打ち上げている。

2-4 軌道上サービス

[スペースデブリ除去]

2013年にヒットしたハリウッド映画『ゼロ・グラビティ』でも話題に上がったのが、〝スペース・デブリ〟と呼ばれる宇宙のゴミである。

スペース・デブリ(以下デブリ)の明確な定義はないが、「宇宙空間に導出された人工物体のうち、機能や制御を喪失したもの」を指すのが一般的だ。主な発生源は破砕破片、人工衛星、ロケットであり、地球低軌道を中心に無数に発見されている。その数は、NASAによると、監視可能な10センチメートル以上のデブリが約2万個、1~10センチまでのものは50万個、1センチ以下のものは100万個以上と推定される。

特に近年は、2007年に中国が実施したASAT(Anti-Satellite:衛星攻撃)の実験や、2009年に起きたイリジウムの通信衛星「イリジウム」とロシアの軍事用通信衛星「コスモス」が軌道上で衝突した事故によってデブリが急増したと言われている。さらに今後はデブリの密度が一定数を超えることで、自己増殖化が連鎖的に進む「ケスラーシンドローム」現象を懸念する声もある。

これらのデブリは秒速約7～8キロメートルという超高速で宇宙空間を動いており、運用中の衛星や国際宇宙ステーションなどへの衝突の危険性があると言われている。先述した『ゼロ・グラビティ』では、スペースシャトルへのデブリ衝突が描かれていたが、その脅威は映画の世界にとどまらず、現実問題となりつつある。

既に国際宇宙ステーションへの衝突未遂事件も起きている。直近の衝突未遂事件は2015年7月に起きた。デブリが衝突する可能性があるとの事前予測がなされたが、PDAM(Pre-Determined Debris Avoidance Maneuver)と呼ばれる事前回避行動が間に合わなかったため、滞在していた3人の宇宙飛行士が国際宇宙ステーションに係留してあるソユーズ宇宙船へ緊急退避した。幸いなことにデブリは国際宇宙ステーションから3000メートルほど離れた軌道を通過し、衝突は免れた。NASAによると、国際宇宙ステーションに対して年間で数十回ほどデブリ衝突警報を発しているが、予測には不確定要素が多い。

2015年の衝突未遂時に接近したデブリは、1979年に打ち上げられた旧ソ連の衛星「ミチオール2」の破片であったと言われている。実に30年以上も前の人工物体がデブリとなって宇宙をさまよい、国際宇宙ステーションなどの脅威となっているのは驚きだろう。

こうしたデブリの危険性は1980年代から指摘されてきたが、これまで大きな対策は取られてこなかった。その流れが変わったのが先述した２００９年の衛星衝突事故であり、デブリの「監視対策」が加速した。それを担う機関が、国防総省の傘下にあるＪＳｐＯＣ（統合宇宙運用センター）だ。同組織の２０１５年予算は約７４００万ドルに達し、24時間無休で１１００機の運用中衛星を含む、約２万２０００個のデブリ監視を実施している。

また、Space-Track.orgという公共的な情報サービスを通じて、軌道中の衛星に対するデブリ接近分析を行い、接近の可能性がある場合には衛星運用者に連絡するサービスを行っている。このサービスには世界１５６カ国から２万５０００人が登録しており、緊急デブリ接近情報によってこれまでに何回もの軌道制御が運用者により行われた。

しかし、デブリ監視・通知サービスに関しては、商用衛星の打ち上げ増加に伴い、煩雑化してきており、サービスを持続するためのリソース不足や経済合理性が問題になっている。そうした状況を踏まえて、その業務を国防総省からＦＡＡ内にあるOffice of Commercial Space Transportationに移管することが議論されている（なお業務移管に関してはデブリ監視・通知だけでなく、Space Traffic Managementという、より広範囲な議論の一部として扱われている）。また、民間企業ＡＧＩがＣｏｍＳｐＯＣという商業ベースでのデブリ監視・通知サービスも始めており、民間企業の力を活用することも視野にある。

そして近年はデブリ対策の方向性が、「監視」から「除去」へと変わりつつある。ＪＡＸＡ

（宇宙航空研究開発機構）では導電性テザーを用いたデブリ除去方式の研究を進めている。ＥＳＡ（欧州宇宙機関）でも２０１２年からデブリ除去を目指したミッション「e.Deorbit」を開始しており、２０２１年にデブリ除去衛星を打ち上げる計画だ。

デブリ除去は、国や公的機関だけではなく、宇宙ベンチャー企業による取り組みも加速している。今注目を集めているのが、日本人の岡田光信氏がＣＥＯを務めるアストロスケールだ。シンガポールに本社を構える同社は、デブリ除去衛星の開発を進めている。

このように活発化しているデブリ対策だが、課題も多い。法的にはＣＯＰＵＯＳ（国連宇宙空間平和利用委員会）でデブリに対するガイドラインが示されているが、拘束力は現時点ではない。各国の利害も複雑に絡み合うため、国際的な枠組みに関して短期間で合意することは容易ではない。またビジネスモデルの観点では、誰がどのようなスキームで資金負担するかが課題である。

過去に多くのデブリを排出した米国、ロシア、中国や、今後宇宙活動を活発化させる新興国、さらには数百機規模の小型衛星インターネット網の構築を目指すスペースX、ワンウェブといった民間企業など、多様な主体がある中で、デブリ除去のためのコストを誰がどう負担するのか、明確なビジネスモデルを描くことが求められる。今後の展開を注視していきたい。

［宇宙ステーション（微小重力実験など）］

１９８４年に計画が発表され、１９９８年から運用が開始された国際宇宙ステーションは、多くの日本人宇宙飛行士が滞在してきたこともあり、日本人にとっては宇宙の象徴のような場所ともいえるが、ここでも新たな宇宙ビジネスの萌芽が生まれている。現在２０２４年までの運用が各国間で合意されており、民間企業による利活用を促す動きが活発になっている。

国際宇宙ステーションを舞台に行われる最大事業といえるのが、スペースＸなどが行っている物資輸送サービスだ。ＮＡＳＡは、２０１１年にスペースシャトル計画から撤退した後、宇宙飛行士の輸送はロシアの「ソユーズ」宇宙船に頼り、物資輸送は日本の補給機「こうのとり（ＨＴＶ）」や欧州の補給機「ＡＴＶ」、ロシアの「プログレス」補給船を活用するとともに、米国としての輸送手段を確立すべく「ＣＯＴＳ（商業軌道輸送サービス）／ＣＲＳ（商業補給サービス）」というプログラムを進めていた。

その結果として、スペースＸのロケット「ファルコン」と補給船「ドラゴン」、およびオービタルＡＴＫのロケット「アンタレス」と補給船「シグナス」がＮＡＳＡとの間に商業物資輸送契約を結び、サービス提供するに至った。２０１２年５月にはスペースＸによる最初の物資輸送が行われ、スペースシャトルの退役後スムーズに移行した。

2016年1月に発表された「CRS-2」(2019〜2024年の輸送契約)では、この2社に加えてシェラ・ネバダの補給船「ドリームチェイサー」も選定された。同機体はスペースシャトルのような有翼機で、もともとは有人用に構想されていたこともあり、将来的には有人機に発展することも期待されている。また、NASAは国際宇宙ステーションへの商業有人輸送に向けた開発プログラムも進めている。

国際宇宙ステーションを宇宙空間の実験室として活用するサービスもある。米国のナノラックス(NanoRacks)は2009年創業のベンチャーで、NASAとの契約の下、微小重力実験の商業化サービスを提供している。具体的には国際宇宙ステーション内部の与圧内実験と、船外プラットフォームを活用した曝露実験がメニューだ。宇宙空間ならではの微小重力環境や放射線環境での実験ができることが特徴だ。ナノラックスはこれまでに350のペイロード(積載物)を取り扱ってきており、その顧客にはNASAやESA(欧州宇宙機関)といった宇宙機関以外に、製薬企業などがいる。また、ナノラックスは独自の衛星放出機構を活用して、ISS日本実験棟「きぼう」のエアロックからの超小型衛星の放出も行っている。衛星ベンチャーのプラネットなども同社の放出サービスを活用してきた。

日本の実験モジュールである「きぼう」も民間利活用に力を入れている。第2回「日本ベンチャー大賞」を受賞した東京大学発のバイオベンチャー企業ペプチドリームは、きぼうでの創薬関連実験を行っている。宇宙カンファレンス「SPACETIDE2017」に登壇した同社取締役の舛屋圭一氏は「無重力の宇宙空間ではペプチドの結晶化がキレイにできる」と語る。

このように利活用が進む国際宇宙ステーションだが、将来的には民間企業による商業宇宙ステーションの計画もある。NASA自身は長期的には活動範囲を火星探査など深宇宙へとシフトしていくことを明確にしており、地球低軌道に関する宇宙活動は、民間企業による商業化を進めてきている。2016年10月に公開されたNASAのブログでも「我々は深宇宙に手を伸ばすのと同時に、民間宇宙企業とのパートナーシップを広げることで、より地球に近いところを革新し続けています。先日NASAは国際宇宙ステーションの空いたポートをどう使えるかを民間企業に問いかけました。使い道の一つは、2020年代に運用終了する国際宇宙ステーションを引き継ぐ、将来のLEO（低軌道）商業ステーションの準備です。民間企業は熱心に情報提供し、回答はNASAと民間企業家の需要に見合う商業モジュールを国際宇宙ステーションに取り付ける米国企業の強い希望を示すものでした」とコメントしている。

実際にこうした取り組みを進めている企業の1社が、米国のアクシオム・スペースだ。同社のCEOは国際宇宙ステーションのプログラムマネジャーでもあったマイク・サファディーニ氏だ。現在の国際宇宙ステーションは各国の政府予算で運営されているが、将来的に民間資金で宇宙ステーションを運営し、必要に応じて政府機関もテナントとして入るという計画だ。2

国際宇宙ステーションを舞台とした民間利活用

実験：ナノラックス

- 国際宇宙ステーションの与圧内実験、曝露実験、超小型衛星放出のサービスを提供
- これまでに350のペイロード（積載物）を取り扱い、衛星ベンチャーのプラネットも同社の小型衛星放出サービスを活用

居住：アクシオム・スペース／ビゲロー

- 将来の商業宇宙ステーションに向けた技術開発を実証
- ビゲローは2016年にNASAとの契約の下、国際宇宙ステーションに接続する試験モジュールBEAM（Bigelow Expandable Activity Module）を打ち上げ。現在2年間の実証中

輸送：スペースX／オービタルATK

- 国際宇宙ステーションへの物資輸送は民間企業のスペースXとオービタルATKが実施
- 現在は商業有人輸送サービスの実現に向けた開発プログラムを実施中

旅行：スペース・アドベンチャーズ

- 国際宇宙ステーションへの宇宙飛行、無重力体験などの宇宙旅行プログラムを提供
- 宇宙飛行は、ロシアの「ソユーズ」で宇宙へ飛び立ち、国際宇宙ステーションに10日間ほど滞在
- これまでに7人の民間人が国際宇宙ステーションに滞在

020年に最初の居住モジュールを国際宇宙ステーションへとドッキング。国際宇宙ステーションが運用を停止する2024年以降に切り離しを行い、独自の居住モジュールとして活用する予定だ。同社では既に20カ国と協議し、第1号のテナントとなる研究開発機関と話をしているという。

2-5 個人向けサービス

[宇宙旅行]

宇宙旅行と一言で言っても、数分間の無重力体験をする弾道宇宙旅行、国際宇宙ステーションへの滞在、さらには月や火星など遠い星への旅行など、いくつかの種類が存在する。

特にここ10年ほど、「1回2000万円」などといった売り文句とともに注目を集めてきたのが弾道宇宙旅行で、その火付け役となったのがピーター・ディアマンディス氏だ。

ディアマンディス氏は、1992年に無重力飛行体験を提供するゼロ・グラビティ（Zero Gravity）を起業。1995年にはXプライズ財団（XPRIZE Foundation）を立ち上げ、賞金1000万ドルをかけた宇宙旅行コンテストを始めた。2004年、ゼロ・グラビティは初フライトを実現し、Xプライズでは同年に有人宇宙船「スペースシップワン」が賞金を獲得した。

スペースシップワンからの技術供与を受けて、宇宙船「スペースシップ2」の開発を始めるべくヴァージン・ギャラクティックを創業したのがリチャード・ブランソン氏だ。今に至る宇宙旅行時代の幕開けだ。その後ヴァージン・ギャラクティックは2014年の試験飛行中の墜落死亡事故が起きたことで開発が遅れたが、現在も操縦士2人と乗客6人が搭乗できる有翼の宇宙船で宇宙旅行実現を目指している。今後すべてが順調に進めば、リチャード・ブランソン氏自身が乗客となって2018年半ばに飛行を行うという。

ヴァージンだけではない。ブルーオリジンを率いるジェフ・ベゾス氏は「宇宙に数百万人の人が暮らし、働く世界を作る」というビジョンに向かい、宇宙へのアクセスコストを下げるために、再利用できて、かつ高頻度の打ち上げを可能にするロケットの開発を進めている。ベゾス氏は宇宙旅行のことを「アマゾンにとっての本だ」と語るように、キラーアプリケーションになるとみている。

現在ベゾス氏が進めているのが、高度100キロメートルまでの宇宙旅行のための垂直離着陸式ロケット「ニューシェパード」だ。スペースXの大型ロケットであるファルコン9とはサイズが異なるが、こちらも再利用型だ。2017年3月29日にはニューシェパードに搭載される有人宇宙船の中身を公開、そのグラスエリアの大きさが話題を呼んだ。早ければ2018年には初の商用フライトを予定する。商用したあかつきには高度58マイル（約92キロメートル）までの弾道宇宙飛行が計画されている。

国際宇宙ステーションへの宇宙旅行サービスは、すでに始まっている。サービスを提供するのは1998年創業のスペース・アドベンチャーズだ。同社は様々な宇宙旅行プログラムを提

宇宙旅行

到達地点	プレイヤー	事業概要
月 （約38万km）	スペースX	• 2018年第4四半期に民間人2人の有人月周回飛行を実施すると発表。ミッションは1週間ほど • ファルコンヘビー、ドラゴン2、宇宙船と地球の通信システムなどの開発が必要
国際宇宙ステーション （約400km）	スペース・アドベンチャーズ	• ロシアのソユーズ・ロケットを活用した宇宙ステーション滞在プログラムを提供 • これまでに民間人7人が滞在
準軌道 （約100km）	ブルーオリジン	• 垂直離着陸式ロケット「ニューシェパード」を開発中 • 2018年の商業サービス予定
	ヴァージン・ギャラクティック	• 飛行士2人、乗客6人が搭乗できる有翼宇宙機を開発 • 2018年半ばにリチャード・ブランソン氏自身が乗客となり飛行予定

供しているが、国際宇宙ステーションへの旅行ではロシアのソユーズロケットを活用して飛び立ち、約10日間滞在する。

これまでに7人の民間人が国際宇宙ステーションを訪れた。最初の顧客は2001年に1週間ほど滞在した米国人のデニス・チトー氏だ。また、7人目の民間人は著名なエンターテイメント集団シルク・ドゥ・ソレイユの創設者であるギー・ラリベルテ氏で、同氏はカナダ人で初めての宇宙旅行客となった。2015年6月、スペース・アドベンチャーズは元電通で広告会社などを経営する高松聡氏と、国際宇宙ステーションへの宇宙旅行契約を結んだことを発表した。

より遠い宇宙空間への旅行プログラムもある。スペースXを率いるイーロン・マスク氏は、2018年に有人月面周回飛行を実施すると発表した。1972年のアポロ17号以来の、地球の軌道外に人類が出るミッションとなる。搭乗するのは自ら応募してきた民間人2人だ。スケジュール通りに進んでいくかは不透明だが、現在開発を進めている大型ロケット「ファルコン・ヘビー」や宇宙船「ドラゴン2」に加えて、宇宙船と地球との連絡システムの構築が必要とのことだ。

［宇宙ホテル］

宇宙旅行時代の到来を見据えて、宇宙空間にホテルを建設しようとする動きもある。先述した商業宇宙ステーション建設を目指すアクシオム・スペースのほかにも、ホテル事業で財を成したロバート・ビゲロー氏が創業したビゲロー・エアロスペース（Bigelow Aerospace）なども宇宙ホテルを計画している。

ビゲロー・エアロスペースは将来宇宙ホテルとしても活用可能な商業宇宙ステーションの建設を目指している。鍵となるのは膨張式居住モジュールの開発だ。モジュール自体は柔軟な素材の多重構造で、打ち上げ時は約10分の1に折りたたまれており、宇宙空間において膨張させる。宇宙に滞在するための膨張式居住モジュールというアイデアは古くからあり、NASAが取り組みを進めてきたが、計画がキャンセル。その後、技術ライセンスを受けたのがビゲローだ。宇宙空間で耐えうる素材などの技術面でのボトルネックもあったが、近年開発が進み、実現に向けたプロジェクトが動き出した。

そして2016年4月、今後の重要なマイルストーンとなるテストが宇宙空間で始まった。「BEAM（Bigelow Expandable Activity Module）」と名付けられた実験モジュールを国際宇宙ステーションにドッキングし、実際に宇宙飛行士が中に入るなど2年間のテストを行っている。

国際宇宙ステーションを舞台にした実証実験はＮＡＳＡとの１５００万ドル以上に及ぶ契約の中で実施されている。ＮＡＳＡとしては将来の火星探査などに向けて膨張式居住モジュールの技術信頼性を確認する目的もある。

今後のスケジュールとしては、打ち上げサービスを行うユナイテッド・ローンチ・アライアンス（United Launch Alliance、ロッキード・マーチンとボーイングの合弁事業）と共同で、２０２０年の運営開始を目指して、居住可能な商業宇宙ステーションの建設を発表した。同じく２０２０年に最初の居住モジュールを国際宇宙ステーションにドッキングする計画のアクシオム・スペースの取り組みとともに注目される。

2-6 深宇宙探査・開発

［月・火星の探査・開発］

民間企業による地球低軌道の商業化が進む一方で、各国宇宙機関が国家プロジェクトとして掲げているのが深宇宙探査・開発だ。米国ではNASAが2030年代に向けて火星有人探査の実現を目指している。またトランプ大統領の宇宙関連アドバイザーを務めた元下院議員のロバート・ウォーカー氏は、FAA（米連邦航空局）の会議で、政策方針としてNASA予算の地球科学から深宇宙開発へのシフトや、21世紀中の太陽系有人探査をキーワードに挙げている。火星を目標とするNASAでは、大型ロケット「SLS」の開発、中継地点としての月開発、長期的な居住システムの開発などの計画を進めている。

NASAは現在、月周回軌道上に居住基地を設置するというDSG（Deep Space Gateway）というコンセプトを発表している。同居住区は研究目的や商業組織による月探査などにも使われるとともに、将来的には火星探査のための中継基地として使うことが想定されている。火星などへ向かう宇宙船DST（Deep Space Transportation）をDSGに接続する計画だ。

ＤＳＧおよびＤＳＴは、大型ロケットＳＬＳを活用して２０２０年代以降に順次打ち上げて、２０２７年をめどに中継基地としての機能を確立する計画と発表されている。

また、以前ＮＡＳＡの研究者グループがまとめたレポートには、将来的には「Lunar ISRU (In-Situ Resource Utilization) Production and Delivery Services」として、月の現地材料を利用し、火星に向かうために必要な水や液体酸素、液体水素などを、民間企業から調達・購入する長期契約などもアイデアとして記載されている。このように月を中継地点とする様々なコンセプトが存在する。

他方、長期的な居住システムの開発ではＮｅｘｔＳＴＥＰ（Next Space Technologies for Exploration Partnerships）というプログラムを通して、民間企業からの応募に応じて長期的な居住システムのコンセプト設計や実証などを行っていく予定だ。当初はビゲロー、ボーイング、ロッキード・マーチン、オービタルＡＴＫの４社がコンセプト研究に選ばれており、さらにシエラ・ネバダ（Sierra Nevada）とナノラックスを加えた６社が２０１６年から２０１８年までの地上でのプロトタイピングを進めている。その後はフライトユニットの開発へと移行する。

火星を目指すのはＮＡＳＡだけではない。スペースＸを率いるイーロン・マスク氏も火星を目指している。再利用ロケット、射場、顧客開拓のすべての面で躍進を続けるスペースＸだが、関係者の多くは「すべてが火星につながっている」と語る。２０１６年にメキシコで開催された宇宙関連会議で基調講演したマスク氏は「Making Humans a Multiplanetary Species（人類が複数惑星に住む世界を創る）」と題して、40～100年かけて火星に100万人を送り込み、自立した文明を築く構想を語った。スペースXは2020年（当初計画の2018年から延期）から火星への無人飛行を開始し、早ければ2024年の有人飛行を計画している。

月を目指す取り組みも多い。ESA（欧州宇宙機関）は2020～2030年までに、宇宙飛行士たちが一度に数カ月滞在可能な月面基地「ムーン・ヴィレッジ」の建設を計画している。同計画では、基地建設のための資材を地球から運び込むのではなく、まず初めに巨大な3Dプリンターを月面に送り込み、月面を覆うレゴリス（砂）などの現地にある資源を使って基地を作っていくことが検討されている。

中国も月探査計画「嫦娥（じょうが）」を進めている。2007年と2010年には月周回軌道から探査を行い、2014年12月には無人着陸船「嫦娥3号」が月面着陸し、搭載していた無人走行ローバー「玉兎号」を走らせた。今後はサンプルリターン、月面裏側への探査機着陸、さらに2020年以降の有人月面探査も視野に入れており、米国に次ぐ世界で2番目の月面有人探査の成功を目指している。

民間活動として月を目指すのが、Xプライズ財団が主催し、グーグルがスポンサーを務める月面探査レース「グーグル・ルナXプライズ（Google Lunar XPRIZE）」だ。最新のルールでは2017年末までに打ち上げを行い、月面に無人探査機を送り込み、500メートル移動した後に、ニアリアルタイムで動画・静止画を地球に伝送することがミッションであり、賞金総額は3000万ドルに及ぶ。最終年度に残ったファイナリストは、日本の ハクト（HAKUTO）、米国のムーン・エクスプレス（Moon Express）、イスラエルのスペースーL（SpaceIL）、インドのチーム・インダス（Team Indus）、多国籍チームのシナジー・ムーン（Synergy Moon）の5チームだ。

Xプライズ財団によると、今回のグーグル・ルナXプライズでは、将来の惑星探査に求められる着陸系、走行系、画像処理系の基礎技術構築が期待されるという。従来こうした技術開発の中心はNASAであり、火星探査における「ソジャーナ」「スピリット」「オポチュニティー」「キュリオシティー」など無人走行ローバーの開発と実用に成功している。NASAはこうしたプロジェクトの中で様々な探査技術を確立してきた。グーグル・ルナXプライズでは民間企業やチームによる創意工夫や新技術導入などが期待されている。Xプライズ財団によると、今回のレースが切り拓く市場規模は、10年後に最大2700億円、25年後には最大1兆円になると予測される。そしてその過半は民間ビジネスと想定している。

また企業レベルの活動も増えてきている。航空宇宙大手ユナイテッド・ローンチ・アライアンスは「シスルナ1000」というビジョンを発表し、15年以内に300人の人々が宇宙空間で働き、30年後にはそれを1000人まで増やすことを提唱している。ビジョンのコアとなるのが、地球と月の重力が釣り合い安定をするラグランジュポイントの開発であり、特に地球と月の間にあるEML1というポイントに目を付けている。EML1に宇宙船の補修拠点、地球と月をつなぐ輸送拠点、月面開発拠点などを構築、月や小惑星から採取する資源なども集めて、エネルギーの充填などを行うという壮大な計画だ。

［資源開発］

将来的に人類が宇宙空間において活動するようになった場合に、必須となってくるのが資源・エネルギーだ。多くの人々が宇宙で働き、暮らす時代になっていくときに、地球からすべての資源を持っていくよりも、宇宙空間にある資源を有効活用することが効率的であると考えられる。

宇宙資源といってもイメージがわかない方が多いと思うが、具体的にはプラチナなどの希少金属、アルミニウムなどの金属系資源、および月や小惑星に氷の形で存在する水だ。水資源は、電気分解により水素を生成、液体燃料などの形で様々なエネルギーとして使用することが検討されている。

こうした背景の中、近年は宇宙資源開発に関する動きが活発化している。発端となったのは

2015年末に、米国で商業宇宙資源開発を認める法律が世界で初めて制定されたことだ。同法では「月、小惑星、その他の天体および宇宙空間上の水、ミネラルを含む非生物資源の採取に商業的に従事する米国市民に対し、米国が負う国際的な義務等に抵触せずに獲得した場合、当該資源の占有、所有、輸送、利用および販売を認める」としている。

さらに、2016年にはルクセンブルクが宇宙資源開発の欧州ハブとなるためのイニシアチブを立ち上げた。2016年3月の記者発表では、2013年から、NASAのエームズ研究所と宇宙資源開発の法的枠組み構築に関して、定期的に議論を重ねてきたことが伝えられた。さらに、同イニシアチブの下、2017年7月に米国同様に民間事業者が宇宙資源開発を行う権利を保証する法案が可決された。また総額2億2000万ユーロの資金を準備して、多数の研究機関、企業、NGOなどと提携・支援することを発表済みだ。

こうした国単位の動きとは別に、国際的なルール形成に向けた議論も始まっている。国連の宇宙条約第2条では、月、その他の天体の国家による所有などは禁じられているものの、天体から採掘された資源の所有には言及されていないため解釈が分かれる。国連の宇宙空間平和利用委員会（COPUOS）でも、2017年3月に宇宙資源開発が初めて議題として取り上げられた。同分野の動向に詳しい西村あさひ法律事務所の水島淳氏によると、「同委員会のメンバーは80カ国以上にのぼるが、国際的枠組み形成に消極的な米国、枠組みを重視するロシア、

商業資源開発

種類	主体	詳細
民間企業の取り組み	ムーン・エクスプレス	• 月面無人探査レース「グーグル・ルナXプライズ」ファイナリスト • 長期的に白金族金属やヘリウム3などの資源開発を目指す • Founder' s fundなどから総額50億円以上を調達
	プラネタリー・リソーシズ	• Xプライズ財団創業者のピーター・ディアマンディス氏が創業 • ルクセンブルクに子会社設立、同政府より支援
	ispace	• 月面無人探査レース「グーグル・ルナXプライズ」ファイナリスト • ルクセンブルク政府との連携を発表（ルクセンブルクにオフィスを設置、質量分析計を月面探査ローバーに搭載）
主要国の取り組み	米国	• 2015年「U.S. Commercial Space Launch Competitiveness Act」の中で、米国市民・米国法人の商業宇宙資源開発を認めた • FAAがムーン・エクスプレスに商業月面着陸を許可
	ルクセンブルク	• 2016年にSpaceResources.luイニシアチブを立ち上げ • 研究開発や先進企業への資金提供として約2億2000万ユーロを準備 • 2017年に商業宇宙資源開発に関する法案を可決
国際的な枠組み形成	国連宇宙空間平和利用委員会	• 2017年の法律小委員会の議題として宇宙資源開発を採択
	ハーグWG	• 宇宙資源開発に関するガバナンスWGが発足

宇宙資源開発がもたらす利益の途上国への分配を強調する中国、というように各国のスタンスが分かれ、主導権争いが始まっている」とのことだ。

ベンチャー企業による取り組みも進む、グーグル・ルナXプライズにも参戦している米国のムーン・エクスプレスは着陸船とローバーの開発を行っているが、彼らは月を〝第8の大陸〟と呼び、長期的には白金族元素やヘリウム3などの資源開発を目指している。早ければ2020年に月の土を持ち帰って販売する事業に乗り出す予定だ。日本のチームHAKUTOを運営するispaceも月の資源開発を目指す。

他方で、火星と木星の間の小惑星帯にある資源を目指すベンチャーとして、プラネタリー・リソーシス（Planetary Resources）やディープ・スペース・インダストリーズ（Deep Space Industries）が著名だ。前者は既に数十億規模の資金を調達して、ルクセンブルク政府から約30億円の投資の受け入れも発表済みだ。

宇宙資源は日本にとっても遠い話ではない。2010年に世界で初めて月以遠の天体表面に着陸してサンプルリターンに成功したのは日本の無人探査機「はやぶさ」だ。2017年に策定した「宇宙産業ビジョン2030」でも、宇宙資源開発に関する諸外国の動向、新たなビジネス創出／促進に向けた制度の在り方、国際的な枠組みに関する議論への対応などについて検討する場を設置することが記載されている。

宇宙起業家たちのビジョン

3-1 イーロン・マスク／スペースX

「人類を複数惑星に住む種族に」

イーロン・マスク氏は昨今メディアで話題となっておりご存じの方も多いと思う。電気自動車ベンチャー、テスラ（Tesla）の創業者だが、実はロケット打ち上げサービス企業、スペースX（SpaceX）の創業者でもあり、その分野の第一人者だ。

１９７１年に南アフリカで生まれたマスク氏は、カナダ経由で米国にわたり、スタンフォード大学を中退してＩＴ企業のＺｉｐ２を立ち上げた。同社を売却した後、今度はペイパルの前身となるＸ.ｃｏｍを立ち上げてイーベイに売却。これらで得た資金で２００２年にスペースXを創業した。

２００８年に初のロケット打ち上げに成功し、ＮＡＳＡ（米航空宇宙局）との間で国際宇宙ステーションへの物資輸送・有人輸送機開発に関する総額40億ドル以上の契約を交わした。さらに火星移住計画を掲げるなど、今や米国を代表する起業家だ。

マスク氏は「２００８年が転換期だった」と語る。当時スペースXが開発した大型ロケット

「ファルコン1」は3回連続で打ち上げに失敗していた。資金も尽きかけ、次に失敗したら破綻という状況に追い込まれた。時を同じくして、テスラも経営状況が悪化していた。まさに崖っぷちの状況の中、4回目の打ち上げで成功にこぎつけた。

以前、マスク氏は「TED」に出演した際に、イノベーションを起こすための思考法として、アナロジーよりも、本質的な真理を追求する物理学の重要性を説いている。また「才能ある起業家やベンチャーキャピタルはネット以外の分野にも目を向けてほしい」と語るように、モノ作りへの思いも深い。

実際、自らスペースXのチーフデザイナーとして低価格ロケットの開発や設計を主導してきた。ロケットエンジンに安定した技術を活用し、モジュール構造とすることで量産効果を実現した。また、主要部品の80%以上を自社工場で内製化することで外注コスト低減と品質管理を徹底するなど、従来の業界常識を覆すモノ作りでイノベーションを起こし続けている。スペースXは4000人を超える従業員を抱えている。

スペースXは主に三つの市場で商業打ち上げサービスを受注している。一つ目がNASAを顧客とする国際宇宙ステーションへの物資輸送サービス、二つ目が各国政府や民間衛星通信・放送事業者を顧客とする商業打ち上げサービス、そして三つ目が米軍を顧客とする安全保障衛星の打ち上げサービスだ。

最初に開拓したのが、ＮＡＳＡを顧客とする国際宇宙ステーションへの物資輸送サービスだ。スペースシャトルの退役後、ＮＡＳＡはＣＯＴＳ（商業軌道輸送サービス）という民間企業による商業打ち上げサービスを行うためのロケットと宇宙船の開発プログラムを進めてきた。このプログラムを勝ち残ったのが、スペースＸとオービタルＡＴＫ（Orbital ATK）だ。

その後、２社はＣＲＳ（商業補給サービス）と呼ばれる物資輸送サービス契約をＮＡＳＡと結んだ。スペースＸは２００８年から２０１７年までのＣＲＳ-１で、合計約20回の打ち上げを約25億ドル以上で受注している。また先日発表されたＣＲＳ-２では、２０１９～２０２４年の最低６回の打ち上げ契約を交わした。ＮＡＳＡとの契約は同社のベースロードともいえる。

国際宇宙ステーションへの物資輸送と並行する形で開拓をしたのが商業打ち上げ市場だ。世界の商業打ち上げ市場の大半は静止通信・放送衛星の打ち上げ需要だ。２０１５年の静止衛星の打ち上げ受注実績では、既存大手のアリアンスペース（Arianespace）の14件に対して、スペースＸも９件受注している。アリアンスペースも昨今はスペースＸをライバル視する発言が増えている。

そして、スペースＸが２０１６年に初めて参入したのが安全保障衛星の打ち上げサービス市場だ。２０１６年に米空軍は次世代ＧＰＳ衛星の打ち上げ契約（８２７０万ドル）をスペースＸと結んだことを発表した。これまで安全保障衛星の打ち上げはユナイテッド・ローンチ・アライアンス（United Launch Alliance）が独占してきたが、スペースXは連邦裁判所に行政訴訟を起こし、2015年5月にコンペに参加、受注獲得へとつながる第一歩となった。

さらに、2017年に入り2機目の次世代GPS衛星の打ち上げ受注（9600万ドル）にも成功した。これらは米空軍によるGPSの一連の打ち上げ（計15機）の一部だ。次回は7機まとめた発注が見込まれており、その大型契約をユナイテッド・ローンチ・アライアンスがとるか、スペースXがとるかに注目が集まる。

米空軍のスペース&ミサイルシステムセンター長は「スペースXによる打ち上げコストは40%も安い」と言っており、コスト優位性が大きな要因だったこともわかる。話題となっている再利用ロケットに関しては、「商業的に成功した暁には、将来的に検討する」と語る。これまでの受注契約額自体は小さいが、米国において国防総省の宇宙予算はNASAの予算より大きいことを考えると、この市場において風穴を開けた意味合いは計り知れない。

このようにスペースXは三つの市場を切り崩してきたが、それを支えてきたのが開発、マーケティング、オペレーションだ。

まずファルコン/ファルコン9の開発時には、部品の内製化やモジュール構造を導入した。後に公開されたNASAによる開発費検証でも、仮にNASAがファルコン9を開発した場合よりも、圧倒的に低コストで開発されたことが言及されている。

話題になっている第1段ロケットの再利用に関しては、これまでに複数回の第1段ロケット回収に成功しており、2017年2月には再利用ロケットによる打ち上げに成功した。2018年には12回の再利用ミッションを計画しているとの報道もある。

同社のショットウェル社長によれば「第1段の再利用によりコストを30％低減できる」としているが、他方で「コスト削減は着陸後の改修費用や再利用可能回数などによるので、将来的にどの程度の価格低下を顧客に対して提示できるかは不透明」とも言っている。

技術開発だけではなく、マーケティング手法も特徴的だ。ローンチマニフェストと呼ばれる打ち上げ実績と計画の発表、打ち上げにかかる標準的価格の公開、打ち上げ時などの動画公開など、いずれも従来業界にはなかった手法であり、慣習にとらわれない発想で展開されている。

再利用ロケットとともに、スペースXが近年取り組んでいるのが、打ち上げ頻度の向上だ。ショットウェル社長は「究極的には2週間に1度の打ち上げをしたい」と公言している。顧客にとっては打ち上げ価格とともに、打ち上げの頻度と時期も重要だ。2016年9月にスペースXが地上爆発事故を起こして、打ち上げスケジュールが大幅に後ろ倒しになってしまった際には、一部の顧客が別の打ち上げ機会を探すという事態が起きた。

頻度拡大のために重要なのが、射場（ロケットの打ち上げをする場所）の複数化だ。スペースXは既に三つの射場――ケープカナベラル空軍基地、ケネディ宇宙センター、ヴァンデンバ

スペースX／イーロン・マスク氏の取り組み

コスト

▶**設計・開発・製造方法を見直し、打ち上げコストを低減**

・モジュール構造　・量産　・第1段ロケットの再利用　など

マーケティング

▶**開かれたサービス・価格体系の確立**

・打ち上げ価格公開　・実況中継　・ローンチマニフェスト

オペレーション

▶**顧客重視のオペレーションと打ち上げキャパシティ**

・打ち上げ時期と投入軌道の自由度　・高頻度で打ち上げ（射場3カ所）

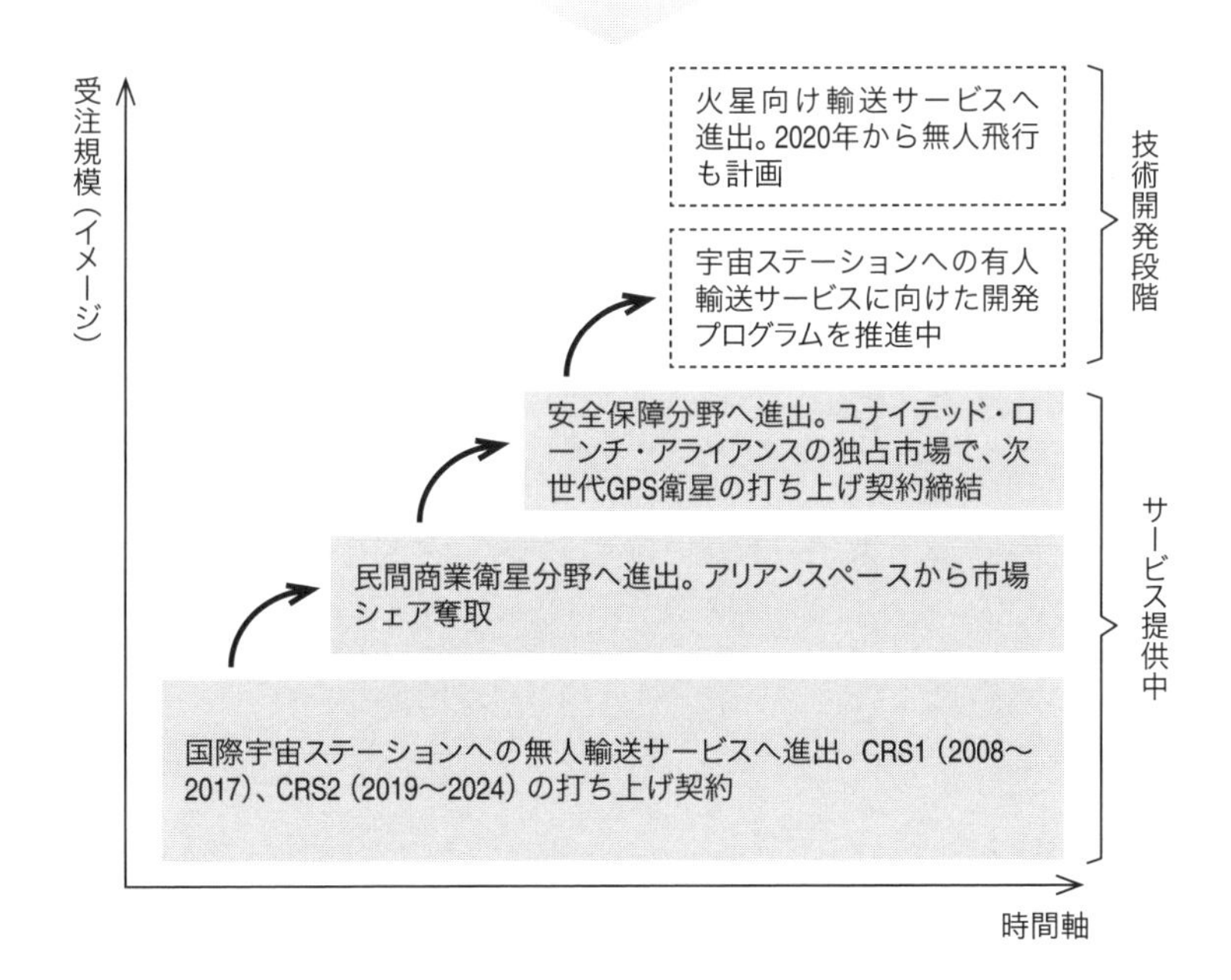

ーグ空軍基地――を運用しており、個々の射場の特徴に合わせた打ち上げを行っている。さらに2018年の運用開始を目標にテキサス州のブラウンズビルに四つ目の射場を計画中だ。同射場は将来計画されている火星への打ち上げを予定している。

躍進を続けるスペースXが現在狙っている市場が二つある。一つは国際宇宙ステーションへの宇宙飛行士の輸送サービスだ。NASAは前述したCOTSプログラムの有人輸送版ともいえるCCDeV（商業乗員輸送開発）およびCCiCap（商業乗員統合能力開発）と呼ばれる開発プログラムを通じて、民間企業による有人輸送サービスの実現を目指している。

現在は技術実証フェーズとしてCCtCap（商業乗員輸送能力開発）が行われており、残っているのがスペースXとボーイングの2社だ。両者は2018年中に無人および有人での技術実証フライトを計画している。無事に開発が進めば、定期的な宇宙飛行士輸送サービス契約を結ぶことになり、巨額の受注が見込まれる。

そして究極の目標ともいえるのが火星だ。再利用ロケット、射場、顧客開拓などはすべて「火星につながっている」（関係者）。マスク氏は「人類が複数惑星に住む世界を創る」と語っている。マスク氏の起業領域はスペースXのほかに、電気自動車メーカーのテスラや、神経科学技術を開発するニューラリンク（Neuralink）などがあり、そのすべては人類課題を解決することが目的になっている。

3-2 ジェフ・ベゾス／ブルーオリジン

「数百万人が宇宙で暮らし、働く時代を創る」

イーロン・マスク氏とともに注目を集めているのが、アマゾンの創業者兼CEOであるジェフ・ベゾス氏だ。同氏が創業したのが宇宙ベンチャーのブルーオリジン（Blue Origin）である。同社の創業は2000年であり、スペースXの2002年よりも早い。時はまさにドットコムバブル全盛期。その熱狂の最中に、宇宙ベンチャーを創業したジェフ・ベゾス氏の先見の明は凄い。

米国の報道によると、ベゾス氏はこれまで5億ドル以上の資金を宇宙ビジネスに投下したと言われており、今後毎年10億ドルのアマゾン株を売り、その資金をブルーオリジンによる宇宙開発に投資することを本人が公表している。

まさに本気のベゾス氏だが、これまで進めてきたのが、高度100キロメートルまでの宇宙旅行のための垂直離着陸式ロケット「ニューシェパード」だ。スペースXの大型ロケットである「ファルコン9」とはサイズが異なるが、こちらも再利用を想定している。実際ニューシェパード2号機は、2015年11月に高度100キロメートルまで到達後、地上の着陸に成功した。その後、2016年1月には、同じ機体を再び打ち上げ、宇宙空間まで到達してから地上着陸に成功した。そして、4月には3回目の再利用飛行と着陸を成し遂げた。

他方で、近年注目を集めているのがBE-4エンジンと大型ロケット「ニューグレン」の開発だ。ニューグレンは最大3段式で全長95メートルの超大型ロケットであり、商業通信衛星の打ち上げや有人宇宙飛行を目指している。ニューグレンの第1段ブースターになるのが7機のBE-4エンジンだ。

BE-4エンジンも再利用がキーワードだ。ベゾス氏は「100回の再利用を想定してデザインされている」と語る。また同エンジンは自社のニューグレンに搭載されるだけでなく、ユナイテッド・ローンチ・アライアンスが開発中の次世代ロケット「バルカン」への提供も合意されている。

これまであまり情報公開をしてこなかったベゾス氏とブルーオリジンだが、2016年4月にコロラドで開催された第32回スペース・シンポジウムでは、ベゾス氏に対する30分間のインタビューが行われた。

ベゾス氏はブルーオリジンのミッションや将来のビジョン、直近の再利用ロケットの開発動向などを話した。冒頭にはニューシェパードが着陸する動画が流され、会場全体から拍手が沸き起こった。会場には1000人規模の参加者がいたが、そうした人たちにとってもブルーオリジンの取り組みはエポックメイキングな出来事なのだと認識できた。

目指すビジョンに関して、ベゾス氏は「数百万人の人が宇宙で暮らし、働けるようにしたい。宇宙までも見据えた文明（spacefaring civilization）にしたい」と語り、「将来的に地球を救うには宇宙を活用しなければならない。限られた地球資源のためにも、ほとんどの重工業は地球外に移行し、地球は居住用または軽工業用のための地域とすることを考えている」と力を込めた。

実現性の議論は抜きにして、そのビジョンや発想の大きさに筆者自身も感銘を受けた。それは会場に居合わせた人たちにとっても同じだったようだ。コロラドという場所柄、米軍関係者が多数参加していて、手持ちのノートにベゾス氏の発言のメモを取る姿が印象的だった。立場や役割を超え、多くの人がベゾス氏の話に高い関心を寄せているのを感じた。

また、自身が創業したアマゾンとの対比の話もあった。アマゾン創業時を振り返り、「当時、既に郵送サービスやネットアクセスを可能にする電話回線、クレジット決済などのインフラがあった」とする一方で、「宇宙に関してはそういったピースがない。重要なのは現状よりずっと低コストで宇宙へ行けるようになることだ」「様々な起業家が多様なことに取り組み、次の時代へと導いていくことだ」と展望を述べた。

途中、インタビュアーからはスペースXとの競争に関する質問も飛んだが、「偉大な産業というのは、1社、2社の企業を生むのではなく、数百ないし数千もの勝者を生むものだ」として、産業全体の発展に言及した。また安全保障への貢献に関しては、「ユナイテッド・ローンチ・アライアンスが開発中のロケット「バルカン」にBE-4エンジンを提供することで貢献できる」と説明した。

当面の目指す事業である宇宙旅行に関しては、早ければ2018年には最初の顧客飛行士を宇宙に送り込むことが目標だ。2016年1月にはブルーオリジン社長のロブ・メヤーソン氏が「今後、ターンアラウンド（着陸後、準備を整えて再出発すること）にかかる時間を短くし、実際に人が乗るまでにニューシェパードのテストフライトを数十回行う」と話している。ここに来て一気に表舞台に出てきたベゾス氏率いるブルーオリジン。今後の動向から目が離せない。

ブルーオリジン／ジェフ・ベゾス氏の取り組み

ビジョン

“数百万人の人が宇宙で暮らし、働けるようにしたい。宇宙までも見据えた文明（spacefaring civilization）にしたい”

“限られた地球資源のためにも重工業は地球外に移行し、地球は居住用または軽工業用のための地域とすることを考えている”

“アマゾン創業当時、既に郵送サービスやネットアクセスを可能にする電話回線、クレジット決済などの インフラがあった。宇宙に関してはそういったピースがない。重要なのは現状よりずっと低コストで宇宙へ行けるようになることだ”

具体的な動き

「ニューシェパード」の開発

- 垂直離着陸式、高度100kmに達する再利用型ロケット
- 既に複数回の着陸・再利用に成功

「ニューグレン」の開発

- 商業衛星の打ち上げと有人宇宙飛行用の大型ロケット
- BE-4エンジンを7機搭載し、3段式で高さ95m

BE-4エンジンの供給

- 2017年3月に1号機が完成
- ユナイテッド・ローンチ・アライアンス（ロッキードとボーイングの合弁企業）の次世代ロケット「バルカン」へ供給予定

3-3 リチャード・ブランソン／ヴァージン・ギャラクティック

「空中分離システムで宇宙旅行と衛星打ち上げ」

ヴァージン・ギャラクティック（Virgin Galactic）はヴァージン・グループの創業者であるリチャード・ブランソン氏が2004年に創業した宇宙ベンチャー企業だ。2004年にXプライズ財団が主催する宇宙旅行のための宇宙船開発の賞金コンテスト「アンサリXプライズ」が行われ、その優勝チームであるスケールド・コンポジッツ（Scaled Composites）から技術供与を受けて、宇宙船「スペースシップ2」の開発を始めたのが、創業の起源だ。

当初は2015年に宇宙旅行事業を始めるべくスペースシップ2の開発を進めて、55回に及ぶ試験飛行を行った。さらに、2008年には世界初の商業宇宙港「スペースポート・アメリカ」（ニューメキシコ）の開港にも関与し、最初のテナントとして加わった。

しかし2014年10月の試験飛行中に、副操縦士の誤操作などにより墜落死亡事故が起きたことで計画は中断。米国家運輸安全委員会からも「誤操作による事故を防ぐ措置が十分でなかった」と指摘を受けた。

それでも、同社はその後も改良を続けて、事故から約16カ月後の2016年2月には「スペースシップ2」の2号機を初公開した。同機体は英国の物理学者スティーブン・ホーキング博士により「ヴァージン・スペースシップ・ユニティ」と命名された。同機は操縦士2人と乗客6人が搭乗できる有翼の宇宙船で、母機となる航空機「ホワイトナイト2」に持ち上げられて上昇し、空中分離後にエンジンを噴射して高度100キロ超の宇宙飛行を目指す。

2016年9月には、初の飛行試験をモハベ空港で実施した。母機に取り付けられたまま、離陸から着陸までの約3時間強、最高高度1万5000メートルの飛行を行った。取得したデータ分析を行った上で、次フェーズの飛行試験に移行する。順調に進めば2018年半ばにリチャード・ブランソン氏自身が乗客となって飛行を行うという。

ヴァージンは宇宙旅行だけでなく、小型衛星の打ち上げサービスも目指しており、空中発射ロケット「ランチャーワン」の開発を進めている（2017年にヴァージン・オービットとして独立）。母機となる航空機にロケットを搭載して離陸し、空中でロケットを分離、自由落下しながら第1段に点火して衛星を地球低軌道に投入する仕組みだ。地上で点火するロケットよりも様々な射場で打ち上げられる利点がある。

母機には宇宙旅行向けに開発中であった「ホワイトナイト2」が利用される予定だったが、2015年末にグループ会社のヴァージン・アトランティック航空が運用していたボーイング

747‐400型機「コスミック・ガール」に切り替えることが発表された。同機体の搭載能力や航続距離などが適しているという。

同社の発表によると、既に数億ドルの打ち上げ契約が結ばれているという。例えば地球規模の衛星インターネット網構築を目指すワンウェブ（OneWeb）は、ヴァージンと39機の衛星打ち上げを契約している（なおワンウェブはアリアンスペースとも約30回の打ち上げ契約を結んでいる）。また、将来的に150～200機の超小型衛星による通信システムを目指す英国のスカイ・アンド・スペース・グローバル（Sky and Space Global）から4回の小型衛星打ち上げも受注した。4回の打ち上げには複数の超小型衛星が同時搭載される予定だ。

ランチャーワン自体は現在サブシステムと主要コンポーネントのハードウェア試験を実施しており、最初の打ち上げは2018年と発表されている。

この分野にもライバルが存在する。従来小型衛星は大型衛星との相乗りで打ち上げることも多く、打ち上げ時期や投入軌道が選びにくいという課題があった。そこで小型衛星専用の打ち上げロケットの開発が進められており、ロケットラボ（Rocket Lab）など多くの企業がしのぎを削っている。不屈の精神で宇宙ベンチャー市場の最前線に戻ってきたヴァージン・ギャラクティック。今後の動向を引き続き注視していきたい。

3-4 ピーター・ディアマンディス／Xプライズ財団

「ツーリズムと宇宙資源開発の市場形成」

ピーター・ディアマンディス氏はXプライズ財団（XPRIZE Foundation）の創設者として有名なだけではなく、ほかにもプラネタリー・リソーシズ（Planetary Resources）やゼロ・グラビティ（Zero Gravity）などの宇宙ベンチャー、さらにはISU（国際宇宙大学）やシンギュラリティ大学など総計10を超える宇宙関連の営利・非営利団体の創業者である。フォーチュン誌の「世界の偉大なリーダー50人」にも選ばれている。

ギリシア系移民の子であるディアマンディス氏は1961年に米国で生まれた。幼少期にアポロ計画やドラマ『スタートレック』と出会い、「複数の惑星に人類が住めるようにしたい」という夢を抱いた。マサチューセッツ工科大学（MIT）で航空宇宙工学を学んだ後、転機は1990年代に訪れた。ブッシュ政権時代、「コロンブス500年祭」を契機に盛り上がりをみせた月面や火星の探査が、その後立ち消えていくのを目のあたりにして、政府主導の宇宙開発の限界と民間産業の必要性を感じた。

目をつけたのがツーリズムだ。１９９２年に無重力飛行体験を提供するゼロ・グラビティを起業。１９９５年にはXプライズ財団を立ち上げて、賞金１０００万ドルをかけた宇宙旅行コンテストを始めた。Xプライズ財団の着想の原点は、１９２７年のチャールズ・リンドバーグによる大西洋単独無着陸飛行だ。あの冒険は賞金コンテストであり、彼の成功はその後の航空産業の発展に大きく貢献したと言われている。Xプライズ財団は自らを"innovation engine"とうたい、賞金コンテストというツールを用いて、未開拓分野における技術、顧客、投資のエコシステムを形成することを目指している。

宇宙旅行賞金コンテストを始めた際に、当初はＦＡＡ（米連邦航空局）の飛行許可もなく、賞金の原資もなかったという。その後10年にわたる不断の努力でＦＡＡの規制緩和にこぎ着け、富裕層のアンサリ家から援助を得て賞金を捻出した。

そのコンテスト「アンサリXプライズ」では「スペースシップワン」が賞金を獲得した。その後、スペースシップワンから技術提供を受けたリチャード・ブランソン氏がヴァージン・ギャラクティックを設立、宇宙旅行事業の立ち上げと予約を進めている。

ツーリズムとともに、ディアマンディス氏が可能性を感じているのが宇宙資源探査・開発だ。将来宇宙に人類が住むようになった際には、すべてのエネルギー源を地球から持っていくのは非効率で、宇宙に存在する資源探査・開発が重要と考える。

Xプライズ財団の取り組み

設立

- 1995年にピーター・ディアマンディスが設立

目的

- 賞金コンテストというツールを用いて、未開拓分野における技術、顧客、投資のエコシステム（生態系）を形成することを目的に活動
- Xプライズ財団は自らを "innovation engine" と謳う
- 着想の原点は、1927年のチャールズ・リンドバーグによる大西洋単独無着陸飛行の際に開催されていた賞金コンテスト

宇宙分野での取り組み

アンサリXプライズ

- 有人弾道宇宙飛行を対象とした賞金1000万ドルのコンテスト
- 有人宇宙船「スペースシップワン」が優勝
- 現在までに宇宙旅行事業の立ち上げ、予約を進められており、新産業創出の契機となった

グーグル・ルナXプライズ

- 月面無人探査を対象とした、賞金総額3000万ドルのコンテスト
- 将来の惑星探査に求められる着陸系、走行系、画像処理系の基礎技術の構築が狙い
- 2017年末の期限を目指してファイナリスト5チームが参戦中

ディアマンディス氏は、商業宇宙資源探査を行うプラネタリー・リソーシズを起業している。同社は、米国で商業宇宙資源開発を認める初の国内法が成立した際に、政策立案者に働きかけたことを公表しており、ここでも宇宙旅行の場合と同じような法整備への強い働きかけが垣間見える。民間主体で市場形成を行っていくのがディアマンディス氏の流儀だ。

そしてディアマンディス氏は、グーグルをスポンサーとして、賞金3000万ドルをかけた月面無人探査コンテスト「グーグル・ルナXプライズ（Google Lunar XPRIZE）」を開始した。そのミッションは、月面に民間開発のロボット探査機を着陸させ、着陸地点から500メートル以上走行し、指定された高解像度の動画や静止画を地球に送信することである。将来の惑星探査に求められる着陸系、走行系、画像処理系の基礎技術構築を狙っている。

従来はミッションすべての達成を2016年末までに行うことが条件だったが、2016年に行われたルール改訂で2017年末までに打ち上げを行うことに変更された。併せて、2017年の最終年に挑めるチームには「2016年末までに、2017年中の打ち上げ契約を保持し、かつそれがXプライズから承認されること」という条件が課されたため、16チームが一気に5チームに絞られた。

3-5 グレッグ・ワイラー／ワンウェブ

「グローバル情報格差をゼロにする」

グレッグ・ワイラー氏は、ソフトバンクが10億ドル以上を投資することを決めたワンウェブのCEOだ。同社は、衛星インターネットインフラ構築を目指している。イーロン・マスク氏、ジェフ・ベゾス氏、ピーター・ディアマンディス氏など名だたるビジョナリーが、人類が宇宙空間で暮らす世界の実現を目指す一方で、ワイラー氏が見据えるのはこの地球で暮らす人々であり、「世界にはインターネットに接続できない40億人がいる。そこに安くて高速なインターネットのインフラを提供することが、私たちの使命だ」と語る。

ボストンで育ったワイラー氏は、起業したパソコン関連事業の成功で資産を獲得、その後アフリカのルワンダの通信インフラの課題を耳にし、テラコムという携帯電話と通信事業の会社を設立した。その後ルワンダを離れ、インターネットに接続のできない〝Other three billions（その他の30億人）〟に向けたネットインフラ環境の整備を目指して、O3bネットワークス（O3b networks）を設立した。人工衛星を打ち上げて、途上国や太平洋、島しょ部などにインターネット通信を提供する事業を開始した。

その後、O3bにグーグルが支援したことでグーグルに参画したワイラー氏だが、袂を分かつことになった。そこで同じく衛星インターネットインフラ構築を目指すスペースXのマスク氏と協業を模索したが、根本的なアーキテクチャの考え方の違いから、実現はしなかったといわれている。こうした後にワンウェブの前身となるWorldVuに参画して今に至る。

ワンウェブは、地球低軌道に小型衛星を大量に打ち上げ、インターネットインフラ構築を目指している。衛星の数は、第1世代で約700〜900機、第2世代で約2000機の予定だという。

同氏の凄さは、高いビジョンを掲げた上で、実現のためのアライアンスパートナーおよび投資家を魅了してきたところだ。2015年6月にはインドの通信大手バルティ・エアテル、飲料大手コカ・コーラ、衛星通信大手インテルサット、ヴァージン・ギャラクティックから5億ドルの資金調達に成功、2016年12月にはソフトバンクから10億ドル、設立当初の投資家から2億ドルの追加投資を獲得するなど急スピードで多額の資金獲得に成功してきた。

ビジョン実現の鍵となる、量産衛星開発・製造および打ち上げに関しては、欧州の航空大手エアバスと組んだ。エアバスとワンウェブは米国フロリダ州に週15機のペースで衛星を製造できる世界初の衛星自動量産工場を建設する。打ち上げに関しては、アリアンスペースと29回、ベゾス氏率いるブルーオリジンと5回、さらにヴァージン・ギャラクティックとそれぞれ契約をしている。

ワンウェブに投資をしたソフトバンクの孫正義氏は、衛星インターネットインフラの具体的なアプリケーションとして、通信手段に恵まれない地域への応用、飛行機や船舶などへの応用、そしてコネクティッドカーへの応用などに言及している。

ワイラー氏自身は「2027年までにグローバル情報格差をゼロにする」という目標を掲げる。宇宙技術を活用して世界を変えるビジョナリーの取り組みに注目が集まる。

3-6 マーク・ザッカーバーグ/フェイスブック

「ドローン、衛星、レーザーを活用してネットインフラ構築」

20億人超のアクティブユーザーを持つＳＮＳ最大手のフェイスブックは２０１６年7月、ソーラーパワーで飛ぶドローン「アクイラ（Aquila）」のテスト飛行に成功したと発表した。背景には衛星、ドローン、ＡＩ（人工知能）などの最先端技術を組み合わせることで、地球の隅々までインターネットインフラを普及させるという同社のプロジェクトがある。

フェイスブックがインターネットインフラ普及に関する取り組みを公表したのは２０１３年にさかのぼる。ノキア、エリクソン、クアルコム、サムスン電子とともに、世界のインターネット普及促進を目指した非営利団体「Internet.org」を立ち上げた。

フェイスブックＣＥＯのマーク・ザッカーバーグ氏によると、同団体はインターネットインフラが十分ではない40億人の人々を対象に、世界的なパートナーシップを通して長期的な問題解決を行うことをビジョンとして掲げている。同団体の発表によると、過去3年間の活動を通して２５００万人の人々が新たにネットに接続できるようになったという。

フェイスブックによるネットインフラ普及プロジェクト

構想の立ち上げ

▶ **2013年、インターネットアクセスが不十分な約40億〜50億人へのネットインフラ提供を目指すイニシアチブとして、"Internet.org"を設立**

"We now connect more than 1 billion people, but to connect the next 5 billion we must solve a much bigger problem: the vast majority of people don't have access to the internet" (Mark Zuckerberg)

▶ **Internet.orgには、フェイスブックのほかにノキア、エリクソン、クアルコム、サムスン電子などのICT関連企業が参画**

研究開発チームの立ち上げ

▶ **2014年、ネットインフラ整備に必要な技術の研究チームとして"Connectivity Lab"設立**

▶ **ドローン、衛星、レーザーの技術を用い、地理的環境に左右されずインターネット接続を実現するための研究を実施**

- Connectivity Labには、NASAジェット推進研究所やエームズ研究所などから一流の専門家が参画

技術開発・実証

▶ **高高度ドローン"アクイラ(Aquila)"を開発**

- 高度1.8万メートルを数カ月飛行することを目標にドローンを開発。レーザー技術と組み合わせたコンセプトを検討

▶ **ネットインフラ構築の元となる人口分布マップを衛星データから作成**

- 20カ国、2160万km²にわたる分解能5mの人口分布マップ
- 156億の衛星画像データポイントを基にAIが人口分布を解析。将来のAquilaの飛行地域選定などに活用

▶ **衛星ネット接続サービスを提供**

- ユーテルサットと協力し、サブサハラアフリカにおける衛星ネット接続サービス提供を発表

出所：Facebook, Internet.org, 各種記事よりA.T. Kearney作成

また、フェイスブックは2014年、Internet.orgの一環として社内に「Connectivity Lab」というチームを立ち上げた。これはドローン、衛星、レーザーなどを活用して、地理的環境に左右されずインターネット接続を実現するための研究を行うチームだ。同組織には、NASAのジェット推進研究所やエームズ研究所などのエキスパートも名を連ねている。

2015年7月、フェイスブックはConnectivity Labの取り組みとして、高度1万8000メートルを3〜6カ月間飛行可能なドローン「アクイラ」とレーザー技術を活用したインターネット接続計画を発表。フェイスブック自身はISP（インターネットサービスプロバイダー）になるのではなく、ドローンおよび通信技術を世界の通信キャリアに提供し、既存の携帯電話網でカバーできていない人々がインターネットに接続できるようにするという思いがある。

そして2016年6月にはアクイラのフルサイズ版を活用してテスト飛行を実施。地上からエンジニアが遠隔操作して、当初想定していた3倍の時間に当たる約96分間の飛行に成功した。当面の開発目標は2週間の連続飛行を掲げているが、今後の課題として夜間に飛び続けるための電力確保、飛行中の電力消費量の抑制などが指摘されている。

さらにフェイスブックは将来のアクイラ運用に向けた準備も進めている。アクイラ自身は遠隔操作も可能だが、飛行中は自動操縦を前提として開発されている。

そして効率的なインターネットインフラ構築のためには、インターネット接続環境のない地域における詳細な人口分布データが重要だ。しかしながら、新興国では詳細な人口統計データが存在しない。

そこで同社は、人工知能と機械学習を活用して膨大な衛星画像データから建物の数などをカウントし、その国の総人口と掛け合わせることで、分解能5メートルの人口分布推計図を作製した。対象地域はアフリカ14カ国に、インド、スリランカ、メキシコ、トルコなどを加えた計20カ国、合計2160万平方キロメートル分に及ぶ。なお、この人口分布図は、エネルギーインフラ、輸送インフラなど他産業にとっても有益な情報であり、将来的に公開される可能性もあるとのことだ。

フェイスブックはドローンだけではなく、衛星通信を活用した取り組みも進めている。2015年10月には、大手衛星通信企業のユーテルサット（Eutelsat）と協力して、静止衛星「AMOS6」の回線をリースする形で、サブサハラアフリカ（アフリカ南部）における衛星インターネット接続サービスの提供を発表している。さらにフェイスブックやニュースサイト「BBC」など基本的なインターネットサービスを無料提供する「Free Basics」を始めたり、Community Cellular Networksを提供するエンダガ（Endaga）を買収したりするなど、様々な技術とサービスを模索し続けている。

3-7 スティーブ・ジャーベソン／ＤＦＪ

「宇宙産業はネットの黎明期と同じ」

起業家を支える投資家にもキーパーソンがいる。その一人がスティーブ・ジャーベソン氏だ。ジャーベソン氏は有力ベンチャーキャピタルであるＤＦＪのパートナーで、スペースＸやプラネット（Planet）に投資し、それぞれの企業のボードメンバーも務める。また量子コンピュータで有名なディー・ウェイブ・システムズ（D-Wave Systems）のボードにも名を連ねている。

両親はエストニア人だが、本人は１９６７年に米国で生まれた。その後、スタンフォード大学を２年半で卒業。在学中からヒューレット・パッカードでエンジニアとして働き、七つのチップをデザインした天才だ。卒業後は、経営コンサルティング企業のベイン・アンド・カンパニーやアップルをわたり歩き、ＤＦＪに参画。ウェブメールサービスを提供するホットメール（Hotmail）への投資とマイクロソフトへの売却でその名をとどろかせた。

ジャーベソン氏は昨今破壊的変化が起きている六つの産業領域として、ロボット＆ＡＩ（人工知能）、輸送・自動車、製造業、バイオ技術、農業と並び、宇宙を挙げている。特に宇宙産業が大きく変革をしている時代背景として「Cheaper Access」「Simulation」「Commodity Hardware」「Dematerialization of Value」「Global Markets」「Agile Aerospace」の六つの要素を指摘している。

同氏は11歳のときにヒューストン宇宙センターを訪れた際に宇宙への興味を抱いたという。今でも週末はネバダ州のブラックロック砂漠で小型ロケットを飛ばす愛好家だ。

他方で、ベンチャーキャピタリストとしてのジャーベソン氏が、投資対象として宇宙を見るようになったのが、マスク氏が火星移住計画と低価格ロケットの構想を持ち込んできたときだ。「光ファイバーが整備された後にネットやクラウドが出てきたように、宇宙へのアクセスコストが下がれば、大きなイノベーションが生まれる」と宇宙アクセス革命の意義を見いだした。

逸話として残っているのが2008年だ。当時イーロン・マスク氏は3回連続で打ち上げに失敗しており、次に失敗したら破綻という状況に追い込まれていた。時を同じくしてテスラも経営状況が悪化していた。まさに崖っぷちの状況の中で4回目の打ち上げに成功したが、マスク氏を陰で支えたのがジャーベソン氏といわれている。テスラへの投資をきっかけにマスク氏と関係を築いていたジャーベソン氏は、スペースXにも2009年の投資ラウンドで参加して以降、フォロー投資を続けている。

また、衛星事業に関してはプラネットにも投資をしており、今後のトレンドを「データインテグレーションとアプリケーションの勝負になる」「衛星データ解析は日々の低分解画像による変化抽出と高分解能画像解析の組み合わせになる」と語っている。ここ1〜2年で、プラネットが他社を買収したり、パートナーリング戦略を進めたりしている背景には、同氏のアドバイスがあるはずだ。

同氏は以前から自身で「スカイネット（Skynet）」と呼ぶ衛星によるインターネットインフラ構築に高い可能性を見いだしている。2017年6月に開催された宇宙ビジネスカンファレンスの「ニュースペース2017（Newspace2017）」においても「フェーズドアレイ・アンテナ、セミコンダクター、アンプなど経済合理性を担保する技術が近年実用化されたことで、2020年か2021年までに複数の構想が実現され、10年以内にネット接続人口が20億人から60億人まで増える」と話した。

3-8 エアバスグループ
「新規参入組に対抗」

起業家だけではなく、大手航空宇宙企業も宇宙ビジネスの重要なプレイヤーだ。その中でも欧州を代表する航空宇宙大手企業のエアバスは非常に巨大なコングロマリット（複合企業）である。一般的によく知られているのは航空機メーカーとしてのエアバスで、宇宙事業を担当しているのはエアバス・ディフェンス＆スペースという会社だ。

同社は２０１４年に前身であるＥＡＤＳグループが再編された時に、防衛・宇宙関連の３部門が統合した組織で、現在はエアバスグループ売上高の約20％を占める重要部門である。さらに、仏航空宇宙大手のサフラン（Safran）と50％ずつ出資して、ロケット開発・製造会社のＡＳＬも設立している。

宇宙事業の売り上げは過去10年で倍増しているが、成長のドライバーとなっている基本戦略が、企業買収と各国拠点設立によるＥＳＡ（欧州宇宙機関）の需要の取り込みだ。２００８年には英国の大学発小型衛星ベンチャーであるサリー・サテライト・テクノロジー（SSTL）を約1億ドルで買収したほか、2006年以降に大小10社以上の宇宙関連企業を買収している。

2016年には子会社のASLを通じてアリアンロケットを運用するアリアンスペースの株式を追加取得した。具体的にはCNES（フランス国立宇宙研究センター）保有分35％の譲渡を受け、従来からの保有分も含めて過半数を保有した。「民間が実権を握ることにより、競争力あるロケットが開発できる環境を整備した」と表明しており、世界市場における競争力強化が狙いだ。

アリアンスペースは、1980年に欧州12カ国・53社が出資して設立された。1990年代から商業衛星の打ち上げ需要拡大に合わせて成長し、これまでに約250機の衛星打ち上げに成功してきた。商業衛星打ち上げ市場の多くは通信衛星で、アリアンスペースは50～60％の高い市場シェアを確保してきた。

しかしながら、この市場ではスペースXが台頭しており、エアバスグループとしても対抗するための競争力強化が命題となってきている。

エアバスは世界一の衛星メーカーであり、通信衛星事業者からの衛星製造と打ち上げサービスの受注を拡大している。世界第2位の衛星通信事業者であるSESからはハイブリッド衛星の開発を受注、また同じくユーテルサットからは世界初の汎用通信衛星「クアンタム・サテライト」の開発について1億9800万ドルで受注するなど攻勢が続く。

他方、新宇宙ビジネス分野でも積極的な動きをしている。昨今話題の衛星インターネットの取り組みだ。エアバスグループはグレッグ・ワイラー氏が率いるワンウェブとの提携を発表した。

先述したようにエアバスはワンウェブの衛星製造も請け負っており、現在、衛星10機をフランス・トゥールーズの工場で製造しているが、２０１９年までにフロリダの工場で７００機以上の衛星を製造する予定だ。これは世界初の衛星自動製造工場であり、自動インテグレーションやシステム試験を行うことで、週に15機の衛星を量産するというのがコンセプトだ。こうした製造手法が可能になるためには、システム設計そのものにも革新が必要になってくる。

また、エアバスは２０１５年５月に１・５億ドル規模のベンチャーキャピタルファンドをシリコンバレーに設立している。「新しい技術を迅速に導入することでスペースXのような新規参入組に対抗する」と表明しており、その投資対象は航空宇宙、衛星技術、データ解析、ドローンなど非常に幅広い。成長する宇宙産業をめぐる新興企業と伝統的大手企業の攻防はいよいよ本格化していく。

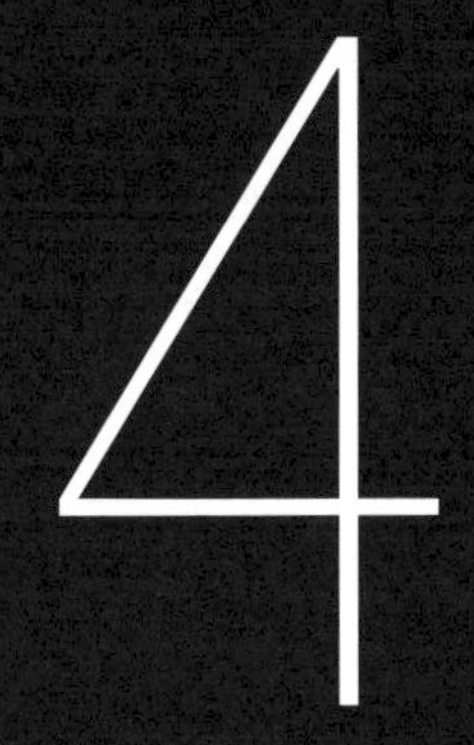

米国の宇宙産業エコシステム

4-1 法整備／政策

［法整備］

２０１６年に日本のおいても宇宙二法が制定されて、民間企業が宇宙ビジネスを進めていくための制度的担保がなされたが、米国の商業宇宙利用に関する法整備の歴史は古く、特に打ち上げに関しては１９８４年の商業宇宙打ち上げ法「Commercial Space Launch Act of 1984」までさかのぼる。

その後１９９８年には打ち上げ法の対象を地球への再突入まで広げるなど、商業打ち上げ市場の成長に伴い、何回かの改正が行われてきた。直近の改正では、２００４年に、当時開催された民間による最初の有人弾道宇宙飛行を競うコンテスト「アンサリXプライズ」と呼応する形で、世界で初めて宇宙旅行産業を本格的に促進させる「Commercial Space Launch Amendments Act of 2004」が承認された。なお、米国以外では英国が１９８６年に宇宙法を制定しており（２０１５年に修正）、オランダも２００７年に宇宙活動法を制定している。

また米国では、衛星市場も法整備の歴史は古い。１９８４年から陸域リモートセンシングの商用化に向けた法整備が始まり、1992年に陸域リモートセンシング政策法「Land Remote Sensing Policy Act of 1992」が制定され、1994年の大統領令で偵察衛星技術の一部民生転用を許可。さらに2000年代以降は、政府による民間企業からの画像長期購入契約（アンカーテナンシー）や開発支援によってデジタル・グローブなどの民間企業が育ってきた。

また、将来的な商業資源開発も近年各国で法整備が進む分野である。2015年11月に米国において、世界で初めて商業宇宙資源開発を認める法案「U.S. Commercial Space Launch Competitiveness Act」にオバマ大統領がサインし、国内法が制定された。もともとは2014年7月にAmerican Space Technology for Exploring Resource Opportunities in Deep Space（ASTEROIDS）Act of 2014が共和党・民主党の超党派で下院に提出されたが、その後審議がストップした状態であった。それが衣替えされる形で再提出され、大統領署名を受けた。

宇宙法が対象としている資源の一つは〝Asteroid resource〟である。その定義は〝a space resource found on or within a single asteroid〟であり、小惑星上で見つかった資源を指している。そしてもう一つが〝Space Resource〟であり〝an abiotic resource in situ in outer space〟〝includes water and minerals〟と記載されており、宇宙空間での水や鉱物などの非生物資源を指している。

そして、宇宙資源に関する権利“Asteroid resource and space resource rights”が記載されており、国際法上果たすべき義務と整合する形で、米国市民・米国法人が獲得した宇宙資源の所有、輸送、利用、販売の資格を有することができるとされている。また、大統領を含めて政府がこの権利を積極的に促進していくことや、経済的にも存続可能で安全な産業を作るために障害を取り除いていくことも記載がされている。

法成立後には、同法が米国宇宙産業および米国社会全体に与える影響について議論する「グーグル・プラス・ハングアウト」が開催され、ホワイトハウス科学技術政策局のトム・カリル氏、小惑星資源探査ベンチャーであるプラネタリー・リソーシズ（Planetary Resources）のピーター・マルケスVP、月面探査を目指すムーン・エクスプレス（Moon Express）のボブ・リチャードCEOらが参加して議論を交わされた。

その中では、法成立が民間宇宙ビジネスの予見可能性を高めて産業への投資加速が期待されること、諸外国において今後同様の法案成立の余地があるか注視すべきこと、成立に際してプラネタリー・リソーシズなどが政策立案者と密に連携をとったことが言及された。なおプラネタリー・リソーシズは法成立の約1カ月前の10月に1200万ドルの資金調達を発表していることも興味深い。

他方、米国の国内法で規定された内容が、1967年に国連で決議・発効された宇宙条約に反するのではないかという声も上がっている。例えば、宇宙条約第2条では、月、その他の天体の国家による所有などは禁じられているものの、天体から採掘された資源の所有には言及されていないため解釈が分かれている。

［商業宇宙政策］

法整備は極めて重要だが、それだけでは産業育成はできない。歴史的に官需が中心であった宇宙産業の経緯を考えると、政策や環境整備は重要だ。米国では2010年のオバマ政権時代に国家宇宙政策が作成されているが、その中でも民間の宇宙産業を振興する商業宇宙政策に関する基本的な考え方が明記されており、個々の政策の議論などにおいて拠り所となってきた。

具体的には、「市場で調達可能で、国の要求を満たす場合は、可能な限り商業宇宙技術・サービスを購入・使用する」「商用の宇宙物品・サービスを購入するため工夫して従来にない方法も積極的に模索する」など政府調達に関する考え方や、「賞金や競争を通じて商業宇宙部門における技術革新や起業を促進する」「商業宇宙活動への規制による負担は最小限のものとなるようにし、宇宙活動の許認可は適時に行われるようにする」など環境整備の在り方が記載されている。

過去10年以上にわたり施行されてきた具体的な個別政策としては、金銭的支援を伴うものと、そうでないものが存在する。非金銭的支援には、法社会制度、コミュニティ・情報サービス、アセット提供の三つが存在するが、最も基礎となるのは法社会制度であり、許認可プロセスの整備などが該当する。

米国の宇宙関連省庁では、衛星に関わるビジネスの場合はFAA（米連邦航空局）、FCC（米連邦通信委員会）、NOAA（米海洋大気庁）が主な認可官庁であり、特にFAAは打ち上げサービスに対して公共の安全を守るための規制・許認可を行っている。他方で適切な規制の運用によって産業を助けるという考えの下、打ち上げ申請に対して、他政府機関と連携することで可能な限りワンストップサービスを提供できるようにするなど、許認可プロセスの効率化を進めている。また、FAAは年2回COMSTAC（Commercial Space Transportation Advisory Committee）という会合を開き、民間企業との対話を通じてミッションの許可や規制に関して議論を重ねている。

コミュニティ形成支援や情報サービスもよく行われている支援だ。例えば、NASA space portalは、2005年にNASA（米航空宇宙局）のエームズ研究所に設置された10人程度からなる商業化支援組織だ。その事業内容は、各種パートナーシップ構築（大学、企業、NPO、政府等）、NASAと企業の仲介、宇宙に関する（民間）需要のプロモーション、NASAの技術・インフラの民間移管支援、ベンチャー企業支援（人材、設備、資本、ネットワーク等）などが含まれている。

さらに、政府保有のアセットを民間企業に提供するやり方も存在する。米国では過去数年間にわたり、政府保有データの民間利活用を進めるオープン&フリーポリシーが進められており、宇宙関連分野においても取り組みが進んでいる。NOAAが進めるビッグデータプロジェクトでは、民間のパブリッククラウドベンダーと研究開発契約を結ぶ形で、保有する様々な気象データの公開を進めており、実際に民間企業からのデータアクセス数が増加している。

他方で、金銭的支援には、イノベーション支援、賞金コンテスト、政府調達が存在する。イノベーション支援の典型例が、NASAが従業員500人未満のベンチャーや中小企業、非営利研究機関に対して、資金の援助や施設・設備の貸与をしているSBIR／STTRプログラムだ。両プログラムともNASAに限らず複数の政府系機関が実施をしている。第1段階は研究開発への助成、第2段階は商業化に対する助成、第3段階は大手民間企業による資金援助で行われる。1件当たりの資金提供のボリュームゾーンは1000万ドルから5000万ドルで、過去5年間で1700以上の事業に対して、累計で350億円の資金投下がされている。

金銭的支援の中でもビジネスに直結しているのが政府調達だ。米国で商業宇宙政策の成功例として最も有名なのが国際宇宙ステーションへの物資輸送であり、現在は民間企業であるスペースX（SpaceX）とオービタルATK（Orbital ATK）が提供する物資輸送サービスを、NASAが顧客として購入・調達をしている。従来国家プロジェクトだったものを、民間企業が担っているのだ。

そのきっかけとなった政策が、COTS（商業軌道輸送サービス）とCRS（商業補給サービス）だ。前者は輸送機・補給機の開発プログラムであり、後者が実際の物資輸送サービスだ。COTSとCRSは異なる契約となっているが、結果的にスペースXはCRSを通して数千億円の輸送サービス契約をNASAと結んでいる。

公表されているCOTSレポートでは、NASAは宇宙船を購入するのではなく軌道輸送サービスを民間から購入すること、NASAと民間企業はパートナーであるという思想の下、開発資金

商業宇宙政策

法／社会制度構築	コミュニティ形成・アセット活用	個別事業プログラム（金銭的支援）
法整備	商業化支援組織	イノベーション支援
許認可プロセス整備	インキュベーションセンター	賞金コンテスト
優遇税制整備	政府保有データの利活用	政府調達や共同事業

はNASAと民間企業で分担すること、あらかじめ定められたマイルストーンごとの作業目標を完了した後に、一定額を支払うことなどの基本的考え方が明記されている。実際、スペースXのケースでは開発費にかかった8億5000万ドルの半分以上を自社で負担している。

こうした政府調達プログラムは、コスト削減や効率的な技術開発に対する政府側の思惑、政府需要をきっかけとして事業を立ち上げたい民間側の思惑が合致することで立ち上がる。

COTS／CRS以外にも、NASAは小型ロケットに対してはVCLS（Venture Class Launch Services）という調達プログラムを提供して、トップ3社に10億～15億円の調達契約を結んでいる。

NASA以外の政府機関もベンチャーからの調達プログラムを導入している。例えばNOAAは気象データの充実を目標として、民間気象衛星ベンチャーのデータ購入を開始している。また、国防総省傘下のNGA（米国家地球空間情報局）は、衛星ベンチャーのプラネットからの画像購入契約を結んでおり、その額は2016年の初期契約時に7カ月間で2000万ドル、2017年の2回目の契約では1年間で1400万ドルに及ぶ。こうした政府調達はベンチャー企業にとって重要なベースロードとなっているのだ。

4-2 テクノロジー

新たな宇宙ビジネスの技術面での特徴は、従来から航空宇宙業界で培われてきた技術と、ＩＴ産業やロボティクス産業で培われてきた技術の融合が加速していることだ。具体的な例として、小型量産衛星の設計・製造、衛星ビッグデータ蓄積・管理・解析、宇宙探査ロボット開発の例を紹介したい。

小型衛星量産の設計・製造に関しては、従来一品モノとして設計・製造されてきた衛星のモノ作りとは異なる手法が導入されている。例えば衛星ベンチャー企業のプラネット（Planet）は既に１５０機を超える衛星を打ち上げてきているが、その開発手法にアジャイル開発を適用している。具体的には専用設計でないカタログ品を活用するほか、放射線対策や熱対策などの宇宙環境対策が行われていないが技術進化の著しい民生用電子部品の適用を進め、定期的にバージョンアップを行い、バージョンごとに一定のロット数を量産する製造手法だ。

また、第４次産業革命の影響もある。先述のようにワンウェブ（OneWeb）とエアバス（Airbus）は共同で世界初の衛星自動製造工場を建設中であり、１週間に15機というスピードで生産する予定だ。２０１７年の宇宙ビジネスカンファレンス「ＳＰＡＣＥＴＩＤＥ」に登壇した慶應義塾大学大学院の白坂成功教授は、「製造・試験・運用・利用を俯瞰して設計へと反映するスパイラルアップが重要だ。ワンウェブの設計手法が大型衛星に活用されると圧倒的な差がつく」と語った。

衛星データ解析ではＩＴの活用が急速に進んでいる。衛星に搭載されるセンサーの高度化、衛星数の増加により、衛星が取得するデータ量が拡大しており、まさにビッグデータとなりつつある。課題となってくるのが、そうしたデータを蓄積・管理するためのプラットフォームである。多くの政府機関や衛星ベンチャーが衛星データ利活用のためのプラットフォーム構築を進めており、その際にはアマゾン・ウェブ・サービスなどのパブリッククラウドサービスを活用するのが趨勢となってきている。そしてデータ解析に関しては、オービタル・インサイト（Orbital Insight）やフェイスブックなどが機械学習や人工知能を活用している。特に最近は建物、自動車、家などの物体を認識して数をカウントするサービス開発が増えてきている。

また３Ｄプリンターの活用なども進む。航空宇宙大手のボーイング（Boeing）やスペースシステムズ・ロラール（SSL）は衛星製造のコストと時間を削減する目的で、関連部品の製造に３Ｄプリンターの導入を進めている。また小型衛星打ち上げ専用ロケットの開発を進めるロケットラボ（Rocket Lab）では、エンジン製造に３Ｄプリンターを活用しており、24時間ごとにエンジンを量産することが可能だという。同社が目指すのは、打ち上げコストの低下だけではなくて、打ち上げ頻度の増加であり、将来的に毎週打ち上げを目指している。

また、惑星探査の分野ではロボティクス技術の活用が進む。惑星探査のためには惑星に降りるための着陸船や、惑星で実際に探査を行う無人走行ローバーといった多様なロボットが必要である。例えば無人走行ローバーであれば、地球と惑星の間で通信遅延が必ず起きるため、自律走行技術や遠隔操作技術などの技術的チャレンジが求められる。

従来、こうした技術開発の中心はNASAであった。NASAは火星探査としてソジャーナ（1997年着陸）、スピリット、オポチュニティー（2004年着陸）、キュリオシティー（2012年着陸）など無人走行ローバーの開発と実用に成功している。特に、オポチュニティーは累計25マイル（40キロメートル）を走行し、無人走行ローバーによる地球外の走行距離記録を41年ぶりに塗り替えた。こうしたプロジェクトの中で様々な技術が磨かれてきた。

このような流れに加えて、昨今は地上のロボット技術の活用も進み始めている。DARPA（国防高等研究計画局）による自動走行車やロボットの開発コンテストは有名な取り組みであるが、2004年の「グランド・チャレンジ」で準優勝し、2007年の「アーバン・チャレンジ」で優勝をしたカーネギーメロン大学のウィリアム・レッド・ウィタカー教授は、惑星探査ベンチャーのアストロボティック（Astrobotic）の技術開発を担っている。

これらの開発コンテストを通してSLAM（Simultaneous Localization and Mapping）と呼

ばれるキーテクノロジーが注目された。これは無人走行車がレーザー・レンジ・スキャナー、カメラ、エンコーダなどを使い、自己位置推定と環境地図作成を行う技術だ。こうした技術は自動車の自動走行システム開発にも発展しているが、宇宙空間における無人着陸船や無人ローバーの着陸操作や走行制御にも活用されている。

4-3 リスクマネー

宇宙ベンチャーへの投資は急ピッチで加速している。調査会社のタウリグループが発表した調査レポート「START-UP SPACE」によると、2015年の宇宙ベンチャーへの資金流入は年間で約25億ドル以上で、過去10年間の合計は100億ドルを超えた。リスクマネーの担い手となっているのが、ビリオネアの自己投資、民間のエンジェル投資家、ベンチャーキャピタル、および大手企業だ。

まず何より宇宙ビジネスを引っ張ってきたのがビリオネアによる自己投資だ。イーロン・マスク氏やジェフ・ベゾス氏などはITビジネスで築いた巨万の資産をもとにして、自らの宇宙ベンチャーに数億ドル単位で投資をしてきている。野望と資産を持った起業家がこの業界を切り拓こうとしているのだ。

そして起業家を支援するエンジェル投資家も存在する。宇宙分野のエンジェル投資家のネットワークとして世界的に有名なのがスペース・エンジェルズ（Space Angels）だ。同社はエンジェル投資家の世界的なネットワークを有しており、有望な起業家と投資家をつなぐ役割を果たす。その投資領域は宇宙に特化している。エンジェル投資家に名を連ねるには一定の基準を満たす必要があり、毎年数百人の応募があるものの、参加者は現在まで２００人のみだ。また評価プロセスを経て投資を受けられる企業も「5%程度にすぎない」(同社のジョー・ランドン会長)など、狭き門である。

これまで投資を受けた宇宙ベンチャー企業の数は20を超えており、小型衛星のプラネット、小惑星資源探査のプラネタリー・リソーシズ、月面輸送プラットフォームを目指すアストロボティック、小型衛星専用ロケットを開発するファイアフライ・スペース・システムズなど有力ベンチャー企業がリストに名を連ねている。スペース・エンジェルズは初期段階での投資が特徴であり、投資額は10万ドル前後のケースもあるが、プラネタリー・リソーシズのシリーズＡ投資ラウンドは約２０００万ドルに及んだ。

昨今の投資領域としてランドン氏は、「Terrestrial(地上)、In-Space(宇宙空間)、Planetary(惑星)の三つがあり、Terrestrialが最も成熟している。In-Spaceは成長期で参入が多い」と語っている。特にIn-Spaceに関しては、有人宇宙フライトに関わる技術領域や宇宙空間における経済圏を作るための技術領域に着目しているとのことだ。

ベンチャーキャピタルファームで宇宙分野の投資をリードしてきたのは、スペースXやプラネットに投資してきたＤＦＪ、ベッセマーベンチャーパートナーズ、衛星データ解析ベンチャーのオービタル・インサイトに投資したセコイア・キャピタルなどだ。

宇宙ベンチャーに投資するベンチャーキャピタルの数は、2000年代前半は年平均5社以下であったが、2000年代後半では10社近くなり、2015年には50社以上が投資を行った。日本においても、衛星ベンチャーのアクセルスペースに対してグローバル・ブレインがリードインベスターとして投資し、惑星資源探査を目指すアイスペース（ispace）にはインキュベイト・ファンドが出資をするなど、ベンチャーキャピタルによる投資が増えている。

また、資金だけでなく、様々な支援を行うアクセレレータといわれる団体も多数存在する。例えばロサンゼルスに拠点を構えるスターバースト（Starburst）は航空宇宙分野を中心に活動しており、投資家とのつなぎ、オフィス提供、戦略コンサル、専門家によるメンタリングなどを手がけており、これまでに160社を支援している。

さらに大手企業も宇宙分野へのリスクマネーの供給源となっている。グーグルは2014年に衛星ベンチャーのスカイボックス・イメージング（Skybox imaging、当時）を5億ドルで買収しただけではなく、スペースXにも出資、さらには月面探査レースの「グーグル・ルナXプライズ」のスポンサーになっている。ソフトバンクやバルティ・エアテル（Bharti Airtel）、衛星通信大手インテルサット（Intelsat）などは低軌道衛星通信ベンチャーのワンウェブに巨額出資をしてきている。また、航空大手エアバスはシリコンバレーにコーポレートベンチャーキャピタル機能を設けるなど、新技術の取り込みに積極的だ。

資金・投資

宇宙ビジネスのスタートアップへの投資額

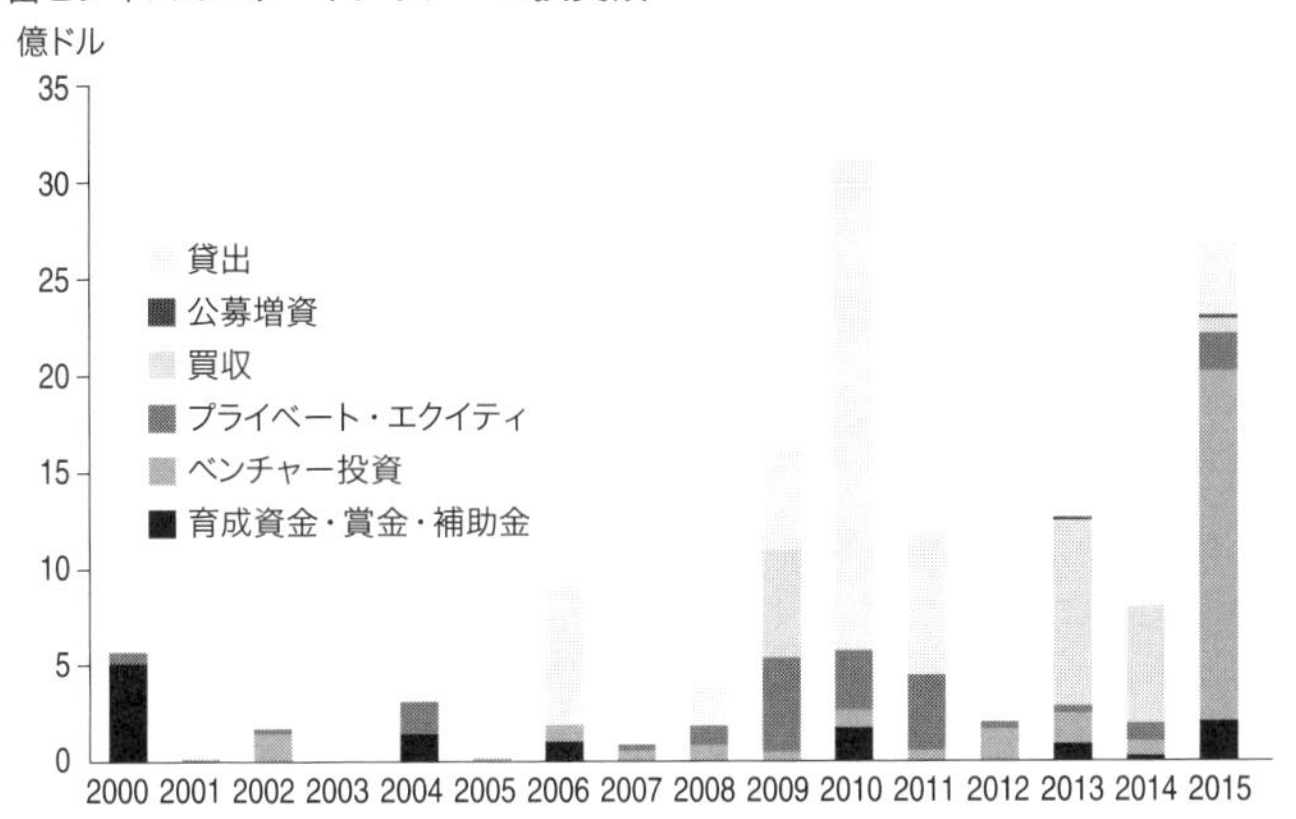

ベンチャーキャピタルによる宇宙ビジネスへの投資額は、2015年に急増し、過去15年分の総額を上回った。

宇宙ビジネスのスタートアップへの投資家数

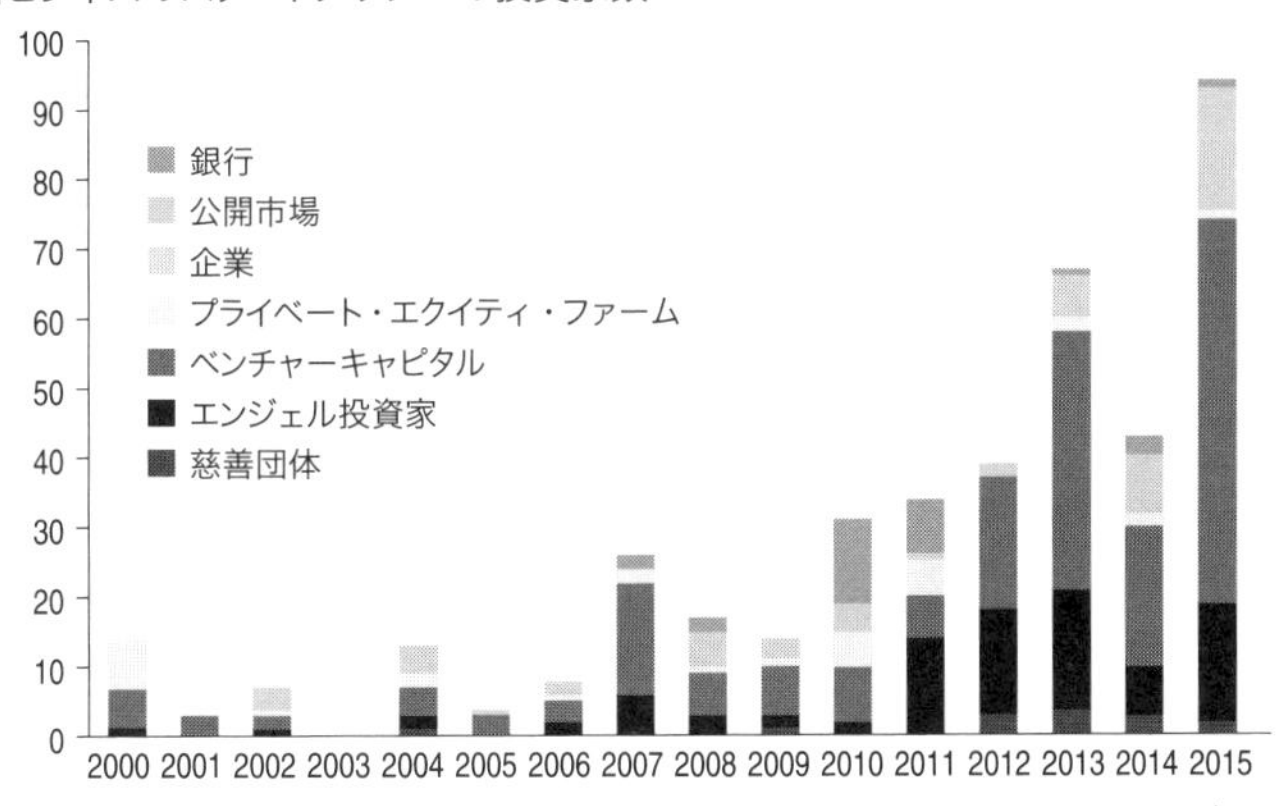

宇宙ビジネスに投資するベンチャーキャピタルの数は、2015年には55社に達した。（2000～2005年の平均は3社、2006～2010年の平均は8社だった）

出所：タウリグループ「START-UP SPACE」

4-4 プラットフォーム

[カンファレンス]

欧米の宇宙産業プラットフォームとして機能している一つが、様々な団体が主催するカンファレンスだ。規模もテーマも参加者も様々であるが、欧米には年間を通して10を超える著名なカンファレンスが存在しており、業界内のネットワーキングおよび対社会的なオピニオン形成の役割を担っている。

米国のコロラドで毎年4月に行われるのが非営利団体スペース・ファウンデーション(Space Foundation)主催の「スペース・シンポジウム(Space Symposium)」だ。過去30年以上にわたり行われている全米最大規模の宇宙カンファレンスであり、伝統的に各国の宇宙機関高官や大手企業関係者が集う場となっている。筆者がはじめて参加した2015年のセッションでも、NASAのチャールズ・ボールデン長官(当時)をはじめ、世界各国の宇宙機関高官がステージに登壇した。コロラドは米国宇宙軍の拠点があることもあり、3000人ほどの参加者の半数近くを軍関係者が占めることも特徴的だ。米国では安全保障と宇宙産業が歴史的にも密接に関わっていることを強く感じる。

伝統あるスペース・シンポジウムだが、近年はベンチャー企業など新世代リーダーの取り込みも進めている。２０１５年のキーノートスピーチにはジェフ・ベゾス氏が登壇し、自身が率いるブルーオリジン（Blue Origin）のビジョンを示した。

シリコンバレーを中心に10年以上の歴史を持つのが、非営利団体スペース・フロンティア・ファウンデーション（Space Frontier Foundation）が主催する「ニュースペース・カンファレンス（Newspace Conference）」だ。同団体は１９８８年に創設されたＮＰＯで、同カンファレンスの開催以外にも、宇宙ビジネスコンテストや個別プロジェクトの開催など、民間による宇宙開発を推進するための様々な活動を行う。毎年6～7月に行われるニュースペース・カンファレンスには3日間で４００人ほどが集まる。

ニュースペース・カンファレンスのコンセプトは、民間宇宙ビジネスをリードするベンチャー企業、伝統的企業、政府系機関および投資家が一堂に介することだ。過去2～3年間のスピーカーやパネリストを見ても、スペースX、ブルーオリジン、ムーン・エクスプレス、ディープ・スペース・インダストリーズ、プラネットなどのマネジメントクラスが参加している。

政府系機関からもＮＡＳＡやＦＡＡのシニアメンバーが参加し、さらにはベンチャーキャピタルのＤＦＪ、エンジェル投資家と起業家のブリッジをするスペース・エンジェルズも参加するなど、宇宙ビジネス分野の第一人者が集まる。2015年まではシリコンバレーで開催されていた同カンファレンスだが、2016年はブルーオリジンが拠点を構えるシアトルでされており、2017年はサンフランシスコで開催された。

他方、シリコンバレーで新しく立ち上がったカンファレンスが「スペース2・0（Space 2.0）」だ。参加者は3日間で250人ほどと小規模だが、その分参加者間でのネットワーキングはしやすい。またスローガンや起業家精神などの抽象的なテーマよりも、具体的なビジネスケースを深く議論するのが特徴であり、参加者も宇宙関係者のみならずIT企業やアプリケーション開発企業など裾野が広いメンバーが参加するのも特徴だ。

筆者は2017年に初めてスペース2・0に参加したが、1日目に行われる「アース・ピクセルス（Earth Pixels）」という特別セッションでは衛星リモートセンシングデータの利活用について、農業、金融、ファイナンス、エネルギーという分野ごとに議論がされた。ユーザー側の団体・企業が現状のリモートセンシングの活用状況や今後の期待を述べた上で、アプリケーション開発企業側がパネル登壇して議論をするという構成だ。従来こうしたセッションでは衛星ベンチャーが自社の衛星スペックと衛星データ利活用事例を提供者の視点で話すことが多かったが、スペース2・0はユーザー視点で具体的な議論をしていく点に特徴がある。

また衛星関係であれば、同じくシリコンバレーで行われる「スモール・サット・カンファレンス（Smallsat Conference）」も有名だ。

こうした新たな宇宙ビジネスに関連するカンファレンスは、米国以外でも行われている。欧州ではベルリンで開催される「ディスラプト・スペース（Disrupt Space）」、ルクセンブルクで開催される「スペース・フォーラム（Space Forum）」などが注目を集めている。またシンガポールでは「グローバル・スペース&テクノロジー・コンベンション（GSTC）」が毎年2月に開催されており、アジア市場を開拓したい欧米企業がこぞって参加をする。こうした多数のカンファレンスが横断的産業プラットフォームとして機能している。

［メディア・プロフェッショナル］

メディアも大きな役割を担っている。日本における宇宙関連情報というと、宇宙科学・開発や日食や月食などの宇宙イベント関連のニュースが多い。他方で、宇宙ビジネスに関しては少しずつ報道が増えてきているが、関連情報を体系立てて取得するのは容易ではない。新規プレイヤーによる参入や投資を促進する際の障壁ともいえる。一方米国では、宇宙関連のプロフェッショナルメディアが複数存在しており、ビジネス情報の流通が桁違いに多い。

最大手は1989年創業したスペースニュース（Space News）だ。同社はビジネスユーザー向けの週刊誌を出版しており、約4万5000人の読者を抱える。ウェブメディアも運営しており、月間約7万5000人のユニークユーザー数を誇る宇宙分野の最大メディアだ。

同社は2012年にメディア分野に投資しているベンチャーキャピタルのポケット・ベンチャーに買収されたが、その際にも「スペースニュースは宇宙分野の紙媒体を取り扱うメディアとしてグローバルリーダーである」と評されている。

ニュー・スペース・グローバル（New Space Global）も特徴的な企業だ。同社は、もともとプライベートエクイティで働いていたディック・デービット氏とIT業界で働いていたロニー・イスラエリ氏が2011年に創業した若い企業だ。自らを"Comprehensive source of new space industry"と謳うように、NewSpace分野にフォーカスをした企業情報提供サービスを行っている。

読者は宇宙分野への投資家などのプロフェッショナルだ。そのため同社は、多数のアナリストやプロフェッショナルを抱えて、1000に及ぶ宇宙ビジネス関連企業をカバーしており、事業展開、投資動向、財務状況など多岐にわたる詳細分析を行っているのが特徴である。

カンファレンスが対社会的なオピニオン形成を担う一方で、政府機関による法整備や政策に対して直接的に働きかける業界団体も多数存在する。日本において政策提言というと、裏方の活動や大手企業による活動という印象が強いかもしれないが、米国では大手企業のみならず、ベンチャー企業も積極的に政策提言を行っている。

［業界団体］

航空宇宙関連製造企業の業界団体で最大規模となるのがＡＩＡ（米航空宇宙工業会）だ。ボーイング、ロッキード・マーチン、オービタルＡＴＫ、ノースロップ・グルマン、ハリス、ハネウェル、レイセオンなど大手航空宇宙企業が多く、全体で３００社以上、総計で60万人以上の従業員が加盟している。

主な活動としては、政府系機関や議会に対して、政府予算、規制、政策などに関して提言を行うこと、および航空宇宙産業に関する産業レポートを取りまとめて発表することだ。また、２００２年から「Team America Rocketry Challenge」「International Rocketry Challange」という学生によるロケットチャレンジの主催・共催も行ったりしている。

他方、新たな宇宙ビジネスに特化した団体もある。ＣＳＦ（Commercial Spaceflight Federation）は２００６年に設立された、打ち上げに関する民間企業団体であり、スペースＸ、ブルーオリジン、ヴァージン・ギャラクティックなどの新興企業を中心に70社強が所属する。ＣＳＦのミッションは「promote the development of commercial human spaceflight, pursue ever-higher levels of safety, and share best practices and expertise throughout the industry」であり、米国の商業打ち上げ産業の発展を促すことが掲げられている。

ＣＳＦの拠点はワシントンにあるが、その活動範囲は幅広く、所属企業を交えたラウンドテーブルによる意見交換、商業打ち上げに関する政策作成者との意見交換、さらには米国議会におけるプレゼンテーションなどを行っている。２０１６年に同団体代表のエリック氏が行ったプレゼンでは、商業打ち上げ市場の現状、今後の小型衛星打ち上げによる市場拡大などの将来展望が語られた。

こうした団体の活動は法改正においても重要な役割をしている。２００４年に商業打ち上げ法が弾道宇宙飛行にも対応するように改正されたが、これは当時開催されていた有人弾道宇宙飛行を対象としたコンテスト「アンサリXプライズ」およびXプライズ財団の創設者であるピーター・ディアマンディス氏による積極的な働きかけがあったと業界内では話を聞く。前述した宇宙法にオバマ大統領が署名した際も、民間企業からの強い要請があった。

このように米国の商業宇宙活動は必ずしも政府がすべて旗を振っているわけではなく、民間企業側からの強い要請や政策提言も大きな原動力となり、政府としても限られた予算の効率的運用のニーズがある中、関連する法整備や政策の議論が行われている。トップダウンとボトムアップ双方の動きが融合して、新たな産業形成に向けた動きが加速していく。そうした活動の中心となる担い手が業界団体なのだ。

［産業クラスター］

従来の国家宇宙開発では、各地域にあるＮＡＳＡの宇宙センターを中心に産業クラスターが形成されてきたが、今米国ではベンチャー企業を中心とした新たな産業クラスターが形成されつつある。主にはシリコンバレー＆サンフランシスコ、シアトル、テキサスがその集積地と言われている。

ベイエリア（シリコンバレー、サンフランシスコ、ロサンゼルス）

グーグル、アップル、フェイスブックなどが本社を構えるＩＴ産業の聖地シリコンバレーは現在宇宙産業にとっても重要な場所となっており、ＮＡＳＡのエームズ研究所も存在する。

エームズ研究所には、広大な敷地の中に多様な研究施設があるだけでなく、ベンチャー企業にオフィススペースを貸すための設備がある。低層階の建物の中に、様々な企業が入居してお

米国の主な宇宙ベンチャークラスター

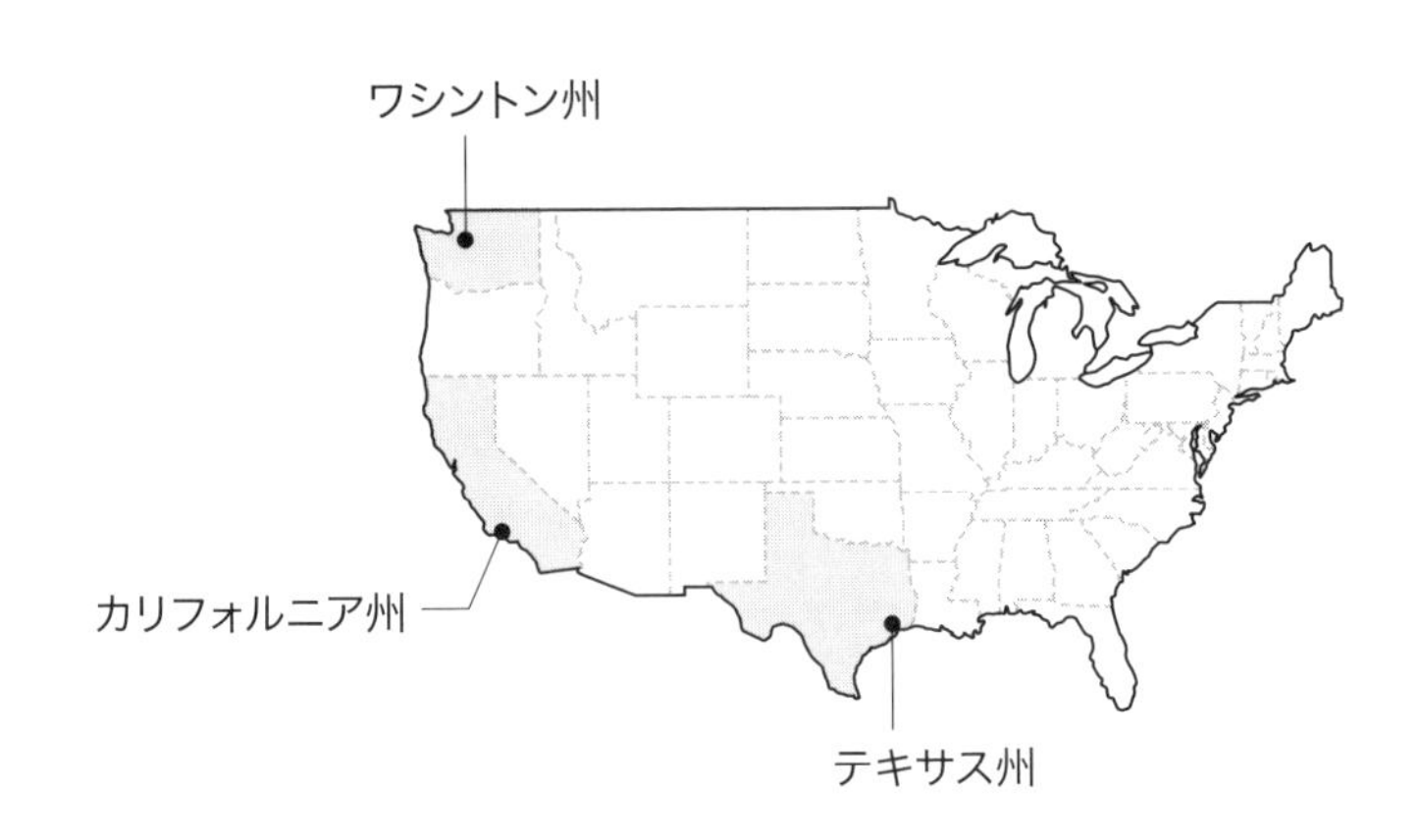

り、例えば国際宇宙ステーションに3Dプリンターを設置しているメイド・イン・スペース（Made in Space）や、日本の宇宙ベンチャーのｉｓｐａｃｅなどが拠点を構えている。

また、人工知能の権威であるレイ・カーツワイル氏とピーター・ディアマンディス氏が共同設立して話題を集めているシンギュラリティ大学もエームズ研究所内に存在する。同大学は、人工知能や機械学習、革新的製造技術、宇宙技術など、様々な技術発展が指数関数的に発展していく中で、世界をより良い場所にするために何をすべきかといったことを考えるプログラムを提供する。メイド・イン・スペースはまさに同大学から生まれた宇宙ベンチャー企業だ。

エームズ研究所の周辺には多数の宇宙ベンチャーが拠点を構えている。衛星データ解析のオービタル・インサイトやアストロ・デジタル（Astro Digital）、またグーグル・ルナXプライズに参戦もしているムーン・エクスプレスなど数え上げればきりがない。

共通するのは、いずれもソフトウェア技術に優れていることであり、シリコンバレーの人材的特徴が表れている。また、先述のようにニュースペース・カンファレンス、スペース2・0、スモール・サット・カンファレンスなど様々な宇宙ビジネスカンファレンスが開かれており、多種多様なネットワーキングが行われていることも特徴だ。

シリコンバレーから車で50分ほどのベイエリアの大都市サンフランシスコに本社を構える宇宙ベンチャー企業も増えている。

代表的なのはサウスオブマーケットの近くに本社を構える衛星ベンチャーのプラネット、そこから車で15分ほどの距離には同じく衛星ベンチャーのスパイア（Spire）がある。以前双方のオフィスを訪れたことがあるが、いずれも2階から3階建ての低層の建物にカジュアルなオフィスを構えている。また衛星データ利活用で有名な気象ビッグデータベンチャーのクライメート・コーポレーション（Climate Corporation）も同地域に本社を構えている。このようにシリコンバレーやサンフランシスコは今や一大宇宙ベンチャー都市へと発展している。

シアトル

米国西海岸の大都市シアトルは、ワシントン州北西部に位置する米国西海岸有数の都市であり、アマゾンやスターバックスが本社を構えている。また、同じワシントン州レドモンドにはマイクロソフトの本社があるなど、全米有数の企業都市でもある。

シアトルおよびワシントン州は、伝統的に米国を代表する航空宇宙産業の聖地でもある。例えば、米労働省労働統計局が発表した2014年の統計では、航空宇宙産業に従事する技術者数において、州単位では全米1位のカリフォルニア州に続き、ワシントン州は2位につけており、航空宇宙産業関連の拠点数は州全体で1300以上にも及ぶ。さらに、都市単位で見ると、シアトルおよびその周辺地域は、実は全米1位の技術者を擁する地域になっている。

こうした航空宇宙産業の発展は、航空宇宙機器大手のボーイングの歴史と重なる。ボーイングはウィリアム・E・ボーイング氏により1916年にシアトルで創業した後、2001年にシカゴに本社移転するまで、実に85年間にわたりシアトルに本社を構えていた。そしてボーイングを中心に、航空宇宙産業系の部品メーカーの多くがシアトルおよびワシントン州に拠点を作ることで産業地帯として発展してきた。

ボーイングは2001年の本社移転以降、2010年以降には工場移転も進めている。最新鋭機「B787‐9」の最終組み立てはワシントン州に加えてサウスカロライナ州でも行っており、次期「B787-10」の最終組み立てはサウスカロライナ州で行うと発表した。こうした動きに対して、ワシントン州もボーイングを州内にとどめようとする目的で、事業税率の軽減や固定資産における事業免税措置などの優遇政策を推進している。

その中でシアトルに熱い視線を送っているのが新興宇宙ベンチャー企業だ。スペースXの本社はカリフォルニア州だが、地球規模の衛星インターネット構想の発表とともに、シアトルに新オフィスを立ち上げた。また、ブルーオリジンや、プラネタリー・リソーシズなど多数の宇宙ベンチャーがシアトルおよびワシントン州に拠点を構えている。

ワシントン州宇宙局は2013年に「Washington Space Meeting」を開催し、ワシントン

シアトルの宇宙産業クラスター

- ▶**2014年の統計では、航空宇宙産業に従事する技術者数において、州単位では全米1位のカリフォルニア州に続き、ワシントン州は2位**
- ▶**ボーイングが1916年にシアトルで創業した後、2001年にシカゴに本社移転するまで、85年間本社が存在。ボーイングを中心に、関連する航空宇宙産業系の部品メーカーの多くが拠点を作ることで産業として発展**
- ▶**ボーイングの本社移転以降、シアトルに熱い視線を送っているのが新興宇宙ベンチャー企業**
- ▶**スペースXはシアトルに新オフィスを設立。ブルーオリジンやプラネタリー・リソーシズなど多数の宇宙ベンチャーが拠点を保有**
- ▶**航空宇宙分野とコンピュータサイエンス分野の双方の人材が獲得できることも魅力的**

州の宇宙産業を成長させるための施策について議論をした。スペースX、プラネタリー・リソーシズ、ブルーオリジンなどの宇宙ベンチャー企業たちも参加しており、現在では「Washington State Space Coalition」として組織化されて20社が所属している。

テキサス

米国南部に位置するテキサス州は、全米2位の人口約2500万人を抱える大きな州であり、全米を代表する産業地域でもある。フォーチュン500企業のうち、50を超える企業が本社を構えている。その中にはエクソンモービルやフィリップス66などの大手エネルギー企業、アメリカン航空、通信大手のAT&T、半導体大手のテキサス・インスツルメンツなどもある。また州別の輸出額ランキングでも10年以上にわたり全米1位を維持している。

航空宇宙産業もテキサス州の代表的な産業の一つだ。米労働省労働統計局が発表した2014年の統計によると、航空宇宙産業に従事する技術者数において、州単位では1位のカリフォルニア州、2位のワシントン州に次ぐ全米3位の規模を誇っており、航空宇宙関連企業の数も100前後に及ぶ。

長年にわたってテキサス州の航空宇宙産業の歴史の中心にいたのが、NASAのジョンソン宇宙センター（JSC）だ。1961年に有人宇宙船センターとして開設され、1973年に

テキサスの宇宙産業クラスター

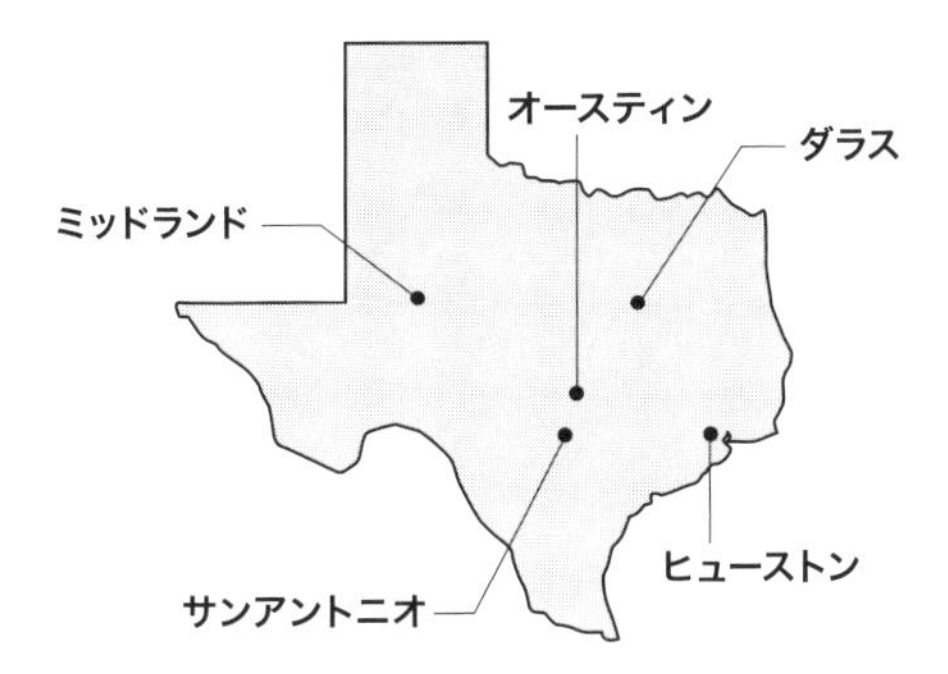

- 2014年の統計では、航空宇宙産業に従事する技術者数において、全米3位の規模を誇っており、航空宇宙関連企業数も100社前後ある
- テキサス州の航空宇宙産業の歴史の中心にいたのがNASAのジョンソン宇宙センター。同センターからの受託や再委託を受ける形で、航空宇宙関連企業が集積
- 近年は商業打ち上げ・飛行を手掛ける宇宙ベンチャー企業が集積。スペースX、ブルーオリジンなどが射場や拠点を構える

同州出身の大統領であるリンドン・B・ジョンソン氏にちなんで現在の名称に改名。有人宇宙飛行のジェミニ計画、有人月探査のアポロ計画、宇宙ステーションのスカイラブ計画など、人類史に残る宇宙開発プロジェクトをリードしてきた。こうしたJSCの各プロジェクトからの受託や再委託を受ける形で、航空宇宙関連企業が集積し、発展してきた。

州政府は航空宇宙産業を支援するため、2003年に州知事付の航空宇宙局（Governor's Office of Aerospace and Aviation）を設置し、企業誘致を目的とする「Texas Enterprise Fund」や技術実用化を目的とする「Emerging Technology Fund」を立ち上げるなど、様々な施策を行っている。

こうした取り組みの成果もあり、テキサス州は従来のJSCを中心とした航空宇宙産業の集積に加えて、近年は商業宇宙打ち上げ・飛行を手掛ける宇宙ベンチャー企業の集積地にもなりつつある。具体的にはスペースX、ブルーオリジン、ファイアフライなど、ロケットや宇宙船など宇宙への輸送手段を提供する企業が、発射場や開発拠点、施設を構えている。ブルーオリジンは、テキサス州に開発拠点を持っており、2015年4月には同州で初の開発試験飛行を行った。

世界各国の宇宙ビジネス

5-1 欧州

欧州の宇宙産業は、ＥＳＡ（欧州宇宙機関）および各国の宇宙機関、ＥＵ（欧州連合）、大手航空宇宙企業が中心的プレイヤーだ。米国には及ばないもののベンチャー企業も３００社ほどあるといわれている。ただし多くのベンチャー企業が大手航空宇宙企業と提携などをするケースが多いのが欧州の特徴だ。

ＥＳＡは２０１７年時点で加盟国21カ国、および協力国7カ国で構成されている。宇宙科学・研究・技術開発および宇宙利用を促進することを任務とする半官半民機関であり、予算規模は40億ドル強になる。予算拠出額としてはドイツ、フランスが抜きん出て多く、その次はイタリア、英国と続く。用途別の拠出額では観測プログラム、航行測位プログラム、打ち上げプログラムと続く。

ＥＵは、欧州独自の測位衛星システム「ガリレオ（Galileo）」や地球観測プログラム「コペルニクス（Copernicus）」などをＥＳＡとともに共同推進しており、その有用性の理解の促進やデータ利活用の有効性を高めることを進めている。またＥＵファンディングプログラムを通じた起業家や新規事業の創出機会を育むことも掲げている。さらにＥＵの執行部であるＥＣ

（欧州委員会）は２０１６年には「Space Strategy for Europe」を公表、その中で欧州の社会と経済のための宇宙産業を構築し、産業の競争力と創造性を育み、欧州宇宙産業の自律性を維持することを究極のゴールに掲げている。

産業界においてはエアバスグループ、タレス・アレニア・スペースが代表的な企業である。こうした企業は１９８０年代から１９９０年代に合併・統合を繰り返し、現在のコングロマリットが形成されてきた。こうした大手航空宇宙企業は官需を土台として、欧州のみならずグローバル民需の市場開拓を進めている。また、衛星通信分野でもユーテルサットやＳＥＳなど大手通信衛星事業者が存在する。

産業振興策に関しては、欧州レベルで行われるものと、各国レベルで行われるものがある。欧州レベルでは、例えばＥＳＡにはＢＩＣ（Business Incubation Centres）と呼ばれる機能が存在する。これは宇宙技術の商業化を目指す起業家支援のインキュベーションセンターで、10カ国に13カ所存在する。具体的には資金援助、技術支援、ビジネスプラン策定や法務・財務のアドバイザリーなどだ。

またＥＳＡは分野別の包括的なプログラムも有しており、例えばＡＲＴＥＳ（Advanced Research in Telecommunications Systems）は次世代通信衛星の研究開発プログラムだ。同プログラムは、米国との競争激化も見越して、欧州の国際競争力を維持するために戦略検討から開発・実証・実装までを支援する包括的な育成策であり、ＥＳＡ、衛星メーカー、衛星運用事業者などがコストをシェアする。掲げられる目標も衛星製造の期間短縮や30％のコスト削減など市場ニーズに対応している。

他方、欧州が配備を進める測位衛星ガリレオおよび観測衛星コペルニクスを活用した革新的なビジネスアイデアの発掘も重要な取り組みである。測位衛星コンペの「ガリレオマスターズ」および、その後追加された観測衛星コンペの「コペルニクスマスターズ」という二大ビジネスアイデアコンテストが開催されている。双方のコンペはともに、ＥＳＡなどの宇宙機関や民間企業のスポンサー支援を受けて、２００４年に設立されたＡＺＯ社が主催し、起業家、中小企業、研究者などが応募をする。例えばコペルニクスマスターズは賞金総額が30万ユーロで、受賞したテーマは商用化に向けて先述のＥＳＡのビジネスインキュベーションセンターの支援や協賛企業によるビジネスサポートを受けることができる。２０１６年の大賞はスロベニアのソフトウェア企業、シナジーズ（Sinergise）が提供する「センチネル・ハブ」が受賞した。

欧州レベルの取り組みとは別に、各国ごとの支援策も存在する。例えばドイツでは２０１０年の国家宇宙戦略で、宇宙利用は人類の利益に資するべきとの原則を掲げており、研究・開発成果の経済的便益への貢献を重視している。

こうした背景を踏まえてドイツ宇宙機関のＤＬＲは政府・ドイツ経済エネルギー省との協力

DLRのINNOspace

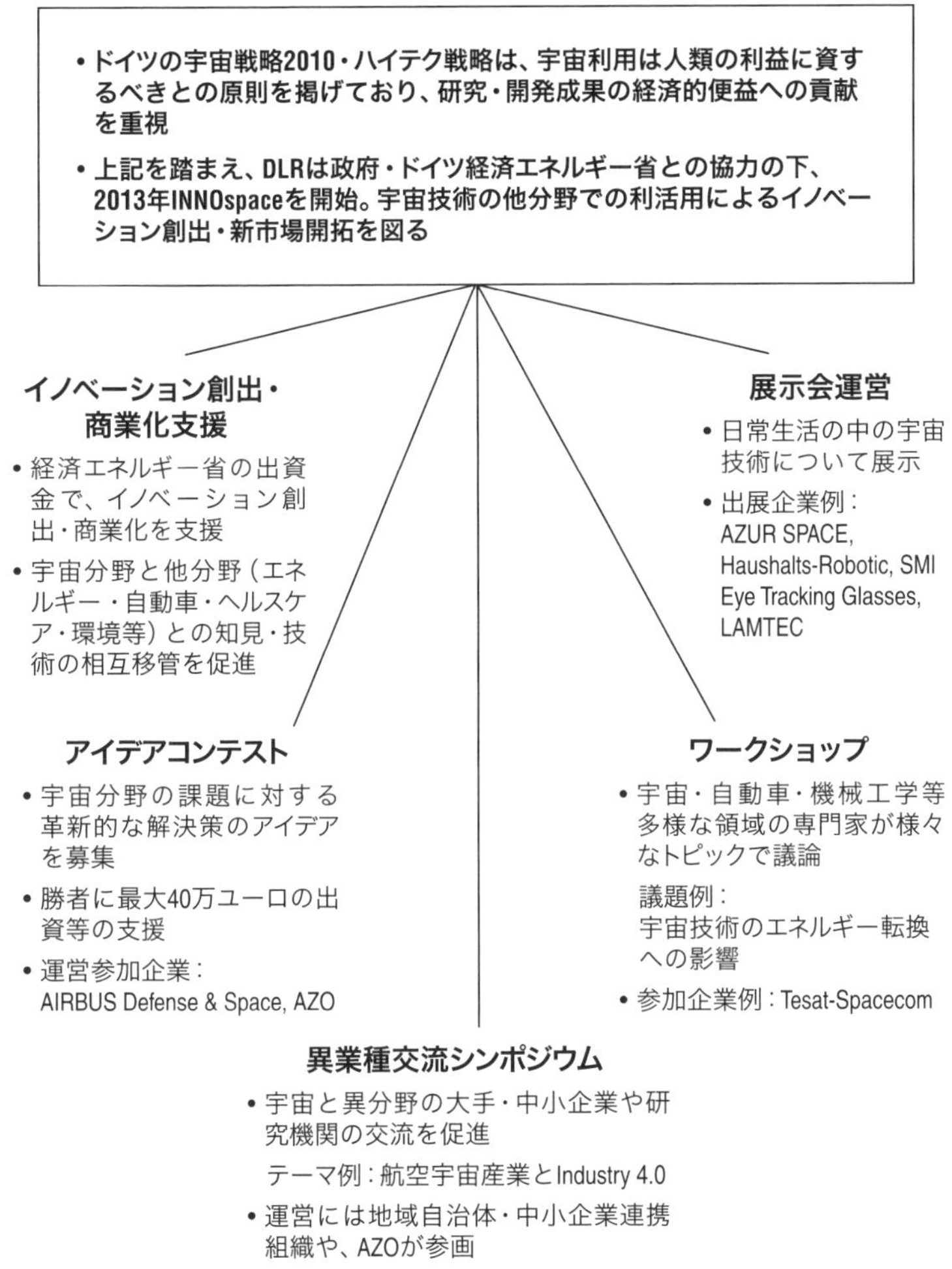

- ドイツの宇宙戦略2010・ハイテク戦略は、宇宙利用は人類の利益に資するべきとの原則を掲げており、研究・開発成果の経済的便益への貢献を重視
- 上記を踏まえ、DLRは政府・ドイツ経済エネルギー省との協力の下、2013年INNOspaceを開始。宇宙技術の他分野での利活用によるイノベーション創出・新市場開拓を図る

イノベーション創出・商業化支援

- 経済エネルギー省の出資金で、イノベーション創出・商業化を支援
- 宇宙分野と他分野（エネルギー・自動車・ヘルスケア・環境等）との知見・技術の相互移管を促進

展示会運営

- 日常生活の中の宇宙技術について展示
- 出展企業例：
  AZUR SPACE,
  Haushalts-Robotic, SMI
  Eye Tracking Glasses,
  LAMTEC

アイデアコンテスト

- 宇宙分野の課題に対する革新的な解決策のアイデアを募集
- 勝者に最大40万ユーロの出資等の支援
- 運営参加企業：
  AIRBUS Defense & Space, AZO

ワークショップ

- 宇宙・自動車・機械工学等多様な領域の専門家が様々なトピックで議論

  議題例：
  宇宙技術のエネルギー転換への影響
- 参加企業例：Tesat-Spacecom

異業種交流シンポジウム

- 宇宙と異分野の大手・中小企業や研究機関の交流を促進

  テーマ例：航空宇宙産業とIndustry 4.0
- 運営には地域自治体・中小企業連携組織や、AZOが参画

の下、宇宙技術の他分野での利活用によるイノベーション創出を目指して、２０１３年にINNOspaceを立ち上げた。具体的には、宇宙分野と他分野（エネルギー、自動車、ヘルスケア・環境等）との知見・技術の相互移管、航空宇宙産業とインダストリー４・０といった横断テーマでの異業種交流シンポジウム、さらにはビジネスコンテストやワークショップなどを行っている。

またＤＬＲはベンチャー起業支援も積極的に行っている。「Spin-offs」というプログラムではＤＬＲの従業員またはＤＬＲの技術を活用して起業を支援している。出資に限らず、起業ノウハウの共有や技術面でのアドバイスなど、過去10年で23件の支援を行っている。「Space-3business」というプログラムではＤＬＲと企業の戦略提携を推進し、「Partnership」というプログラムではＤＬＲの研究成果の商用化をパートナー企業とともに共同出資または資金面以外で支援する。

5-2 ルクセンブルク

西ヨーロッパに位置し、ドイツ、フランス、ベルギーなどと隣接するルクセンブルクは、面積が神奈川県よりわずかに大きい程度で、人口は約50万人にすぎない。しかし今、この小国が宇宙産業で注目を集めている。

世界最大級の衛星通信企業であるSESが本社を構えることに加えて、2016年2月にはルクセンブルク政府が宇宙資源探査に関する野心的なプログラム「SpaceResources.lu」を発表した。さらに同年6月には政府やESAの後援を受けて、世界規模の新宇宙カンファレンスも立ち上がった。なぜここまで盛り上がっているのだろうか。

ルクセンブルクの人口の45%は外国人移住者だ。産業発展の歴史は、1840年代に南部で鉄鉱石が発見されたことにさかのぼる。その後、1950年代には鉄鋼業で成長し、1970年代まで経済の主柱となった。2002年には企業合併によるアルセロールが誕生。2006年にはミタルと合併して、世界最大の鉄鋼メーカーであるアルセロール・ミタルが設立された。

他方で、1970年代の石油危機を経て、1980年代以降は積極的に産業を多角化し、情報通信技術などへ投資。金融セクターも鉄鋼業の発展とともに1960年代から発達しており、

１９８０年代には投資ファンドの拠点として成長、今日においても米国に次いで世界第2位の規模を誇る投資ファンドセンターとなっている。

このようにルクセンブルクは、時代に合わせて積極的に産業ポートフォリオを入れ替えてきている。ルクセンブルク経済通商省の東京貿易投資事務所によると「ファースト・ムーバー・アドバンテージ（市場にいち早く参入して得られる利益など）を獲ることが、ルクセンブルクの産業戦略」という。

ルクセンブルクの宇宙産業の歴史は１９８５年から始まる。ＰＰＰ（官民パートナーシップ）で衛星通信企業のＳＥＳを設立。同社は２０００年前後からアジアやラテンアメリカなど欧州以外でも事業展開し、現在、静止衛星軌道上に約50機の衛星を運用している。２０１５年の売上高は20億ユーロと、売り上げ規模では衛星通信事業では世界最大級を誇る。

ルクセンブルク政府は２００５年にＥＳＡに加盟し、ＥＵ版ＧＰＳとも言われるガリレオプロジェクトにも参加を表明している。ＧＤＰに占める宇宙産業投資は０・０３％で、これはＥＳＡ加盟国の中ではトップ5に入る比率である。産業規模全体は23億ユーロに上り、国の規模を考えると非常に大きな数値だ。ルクセンブルクの宇宙産業の特徴は、衛星による社会インフラ構築と、その利活用サービスの促進である。特に衛星通信、超小型衛星、地球観測、航空・海洋監視などの分野に注力して産業育成に取り組んでいる。

そうした中、2016年2月にビッグなニュースが飛び出した。同国のエティエンヌ・シュナイダー副首相兼経済相が、ルクセンブルク政府として経済振興と宇宙探査拡大のために、同国を「宇宙探索および宇宙資源活用の欧州におけるハブ」とすることを目指し、宇宙資源の平和的探索と持続可能な利活用のために「SpaceResources.lu」というイニシアチブを立ち上げることを発表した。

同イニシアチブにおいて、小惑星などの地球近傍天体における採掘権や採掘物に関する法案が2017年7月に可決された。民間企業による採掘権や採掘物に関する法整備については、先述したように、2015年11月に米国でオバマ大統領（当時）がサインしている。ルクセンブルクは世界で2番目、欧州では最初の例となる。またESAとも宇宙資源開発に関して協力を行っていくという。

加えて、研究開発への資金投資や先進企業への資金提供するために2億2000万ユーロを準備している。現在までに世界各国の60以上の企業、研究機関、NGOがルクセンブルクとパートナーシップを要望しているという。既に宇宙資源開発を目指すディープ・スペース・インダストリーズ、プラネタリー・リソーシズ、日本のispaceと提携済みだ。各社は同国内に拠点を設立済みまたは今後設立を予定している。さらに今後は政府宇宙機関の設立も目指しており、NASAやESAとは異なり、商業宇宙資源開発に特化した機能を持つという。

こうした動きに対して1967年に発効した宇宙条約との相反を懸念する声も上がっているが、ルクセンブルク政府も国際法を十分考慮し、他国とも連携する方針を表明している。

またルクセンブルク政府やESAの後援を受けて「スペース・フォーラム」と題したカンファレンスも2016年から立ち上がっている。グローバルコネクティビティ、IoTとモビリティ産業（車、航空、海洋）、サイバーセキュリティ、ICT企業や投資家にとっての機会などのセッションがある。ルクセンブルクが強い情報通信産業と宇宙産業との融合領域を中心としたテーマが多いのが特徴的である。

5-3 英国

英国は1962年、NASAと共同で人工衛星「アリエル1」を打ち上げ、米国、ソ連に次ぐ世界で3番目の衛星保有国になった。その後1971年には国産ロケット「ブラック・アロー」で衛星打ち上げにも成功した。しかしながら、コスト高などでその後、国産ロケット開発は中止。以来、衛星の打ち上げはNASAやESAに頼ってきた。また、探査機などの開発も英国独自では行わず、ESAプロジェクトへの技術参加という形をとってきた。

しかし、2010年に宇宙産業の業界団体により策定された「Space Innovation and Growth Strategy（スペース－IGS）」が転換点になった。宇宙産業を戦略投資分野と位置付けるようになり、同年には宇宙産業全体を統括するUKSA（英宇宙庁）が発足。2012年にはスペース－IGSを踏まえてUKSAが「Civil Space Strategy 2012to2016」を発表。スペース－IGSも2013年には第2版が発表されて将来のアクションプランを提言した。

スペース－IGSの中では、宇宙産業をニッチ産業からメインストリームのハイテク産業へと転換させ、長期目標として2030年に4000億ポンドと想定される世界宇宙産業市場で10％のシェアを獲得すること、中期目標として2020年までに英国宇宙産業を190億ポンドまで成長させることが設定された。

提示されたアクションアイテムは、新たな地球観測サービスへの投資、防衛分野における宇宙関連サービスやインフラ利活用、射場建設、輸出促進団体の設立、中小企業やスタートアップ企業向けのライセンス発行基準の簡略化、地方の宇宙クラスターへの投資喚起、海外の大企業からの投資呼び込み、など極めて多岐にわたる。特に注目すべきは、中小企業やベンチャー企業の支援、および海外からの投資呼び込みに極めて積極的であることだ。

ベンチャー支援に関しては、近年英国では、首都ロンドンのイースト・ロンドンに広がる「テックシティ（Tech City）」という新たなベンチャー集積地が作られており、金融街との連携から多くのフィンテック企業が生まれつつあり、グーグル、フェイスブック、シスコなど大手IT企業も拠点を構えている。また英国独自の起業家支援センター「カタパルト（Catapult）」を立ち上げるなど、様々な施策によりベンチャー企業が健全に栄えるためのエコシステムを作りつつある。

カタパルトは先端技術を活用した製品やサービスを開発するための拠点で、BIS（ビジネスイノベーション技能省）傘下の「Innovate UK」によって2011年に発足した。具体的な支援分野として、細胞医療、デジタル、未来都市、精密医療などとともに、人工衛星利用も位置づけられている。それぞれのカタパルトセンターが専門のスタッフを抱えており、ソフトウェア開発のためのデータ提供、試験設備の提供、ファンドや外部機関の紹介など各種支援プログラムを行っている。

また、地方の宇宙クラスターへの投資喚起を目的としてHarwell Campusの活用をしており、これまでにわずか7年で宇宙企業70社の誘致に成功している。自国企業にこだわらないのが英国流だ。1人でも小規模スタートが可能であり、UKSAや政府とも密接に連携するなど、徹底した誘致が行われている。

他方、英国独自の宇宙産業としては小型衛星は歴史的に強く、人工衛星の設計や製造で大きなシェアを占めてきた。例えばクライド・スペース（Clyde Space）は有力な小型衛星コンポーネントメーカーだ。2005年創業の同社は、世界の小型衛星プロジェクトの約40%にハードウェアを提供しているとも言われており、売り上げの90%以上は英国外だ。

また、欧州最大の宇宙関連企業であるエアバス傘下のサリー・サテライト・テクノロジー（SSTL）は、小型衛星分野の世界最大手だ。同社は英国サリー大学で活動を開始し、1981年にNASAの支援により、初の人工衛星打ち上げに成功。1985年にサリー大学発の小型衛星ベンチャーとしてスピンオフし、2008年にEADS（現エアバス）に買収された。

同社は、過去30年間に40機以上の小型衛星ミッションを成功させており、欧州の全地球測位衛星システム「ガリレオ」の測位衛星にも採用されている。同社の衛星は民生電子品を活用した低コスト設計、短期間開発、および地上設備の自動設計などが強みだ。地球観測分野は特に力を入れており、例えば重量100キログラムの小型衛星5機で地球観測を行い、災害監視や土地利用調査などを行うDMC（Disaster Monitoring Constellation）を発展途上国中心に構築してきている。

また、衛星開発未経験国との共同開発および人材育成も主要事業だ。これまでにパキスタン、南アフリカ、ポルトガル、チリ、アルジェリア、ナイジェリアなどに対して15に上る国際トレーニングプログラムを実施しており、6カ国で宇宙機関が立ち上がるなど、基礎構築に貢献している。

5-4 インド

インドというとIT大国のイメージが強いが、宇宙開発の歴史も古く、アポロ11号が月面着陸した1969年には宇宙開発を担うISRO（インド宇宙研究機関）が設立されている。ちなみに1969年は日本でNASDA（宇宙開発事業団、現JAXA）が設立された年でもある。

インドは、1980年には国産衛星「ロヒニ1号」の打ち上げに成功し、自力衛星打ち上げに成功した7番目の国となった。1994年には大型極軌道衛星打ち上げロケット「PSLV」の初打ち上げに成功した。近年では、宇宙科学・惑星探査に力を入れており、2008年に月探査機「チャンドラヤーン1号」を打ち上げ、2014年には火星探査機「マンガルヤーン」の火星周回軌道投入に成功した。火星に周回探査機を飛ばしたのは世界でも4番目で、アジア勢では初の快挙だ。

さらにインド国内では、衛星を活用した社会インフラ構築も進んでいる。2001年に始まった遠隔医療（Telemedicine）は、地方病院と専門病院を専用のソフトウェア、ハードウェア、通信機器、衛星システムでつなぎ、遠隔診断などを可能にするシステムであり、現在約400

の病院が接続している。同じように衛星システムを介して約6万を超えるクラスルームと研究機関や大学を接続し、遠隔教育（Tele-education）も提供している。

こうしたインドの宇宙開発の中心的役割を担ってきたのが、バンガロールに本部を置くＩＳＲＯである。ＩＳＲＯの総予算は１５００億円弱で日本の宇宙国家予算の約半分にすぎないが、職員数は1万８０００人とＪＡＸＡの約10倍に上がる。インドでは5カ年計画で宇宙開発の方向性が示されるが、第12次5カ年計画（２０１２年４月〜２０１７年４月）では、予算74億ドル、計58のミッションが計画された。

ＩＳＲＯによる宇宙開発の特徴は「低コスト」だ。火星探査機「マンガルヤーン」の開発は、海外メディアも報じたように総予算は７３００万ドルで、インドのモディ首相が「制作費が1億ドルかかったといわれる映画『グラビティ』（日本では『ゼロ・グラビティ』）より低コストだ」と称賛したという。

さらに近年は需要が増加している小型衛星の商業打ち上げ市場においても存在感を発揮している。２０１７年2月には同時に１０４機の小型衛星を軌道投入するという世界記録も達成している。１０４機のうち、96機は米国、２機はインド、その他はイスラエル、カザフスタン、オランダ、スイス、アラブ首長国連邦からの受注だ。筆者は打ち上げの時期に仕事でムンバイに滞在していたが、空港のデジタルサイネージには成功を祝うメッセージが表示されるなど、同国における宇宙産業の注目を感じる光景であった。

インドの宇宙開発のもう一つの特徴は「コラボレーション」である。古くから旧ソ連から技術導入を行ってきたため、ロシアとは伝統的に友好関係を持ち、欧州とも1980年ごろより協力し、米国とは2005年に宇宙科学を含む科学技術協力協定を締結している。また、国内最高峰の大学であるIIT（インド工科大学）とも協力して宇宙技術研究や教育に力を入れてきている。

このようにISROと周辺企業や大学を中心に発展してきたインドの宇宙産業だが、近年はベンチャー企業による宇宙ビジネス分野への進出も始まっている。

アクシアム・リサーチ・ラボ（Axiom Research Labs）は「チーム・インダス」というチーム名で月面無人探査レース「グーグル・ルナXプライズ」に参加している。同チームはリーダーのラウル・ナラヤン氏を中心に20人強で構成されており、事業&技術アドバイザーには米ロッキード・マーチン、仏アルカテル・ルーセント、ISROなどの元シニアメンバーが名を連ねる。2015年1月の中間賞では、Landing部門（月面着陸のための飛行制御技術を競う部門）を勝ち取り、賞金100万ドルを受け取るなど技術評価も高い。

元ヤフー・インドの研究開発部門トップであり、チーム・インダスの投資メンバーでもあるシャラド・シャルマ氏は「インドは世界的に興隆している民間宇宙ビジネスのハブの一つになりうる。インドには設計指向の製造システム、組み込みソフトウェア、航空宇宙分野に関する経験を有しているという利点がある」と語るなど、インドならではのポテンシャルに高い期待を寄せる。

ドゥルヴァ・スペース（Dhruva Space）は2012年にバンガロールで創業した衛星ベンチャーだ。事業ドメインは10〜100キログラムの小型衛星で、開発・製造コンセプトは「Frugal innovation（倹約、ミニマリズム的視点での革新）」や「Jaggad（創意工夫）」だ。3Dプリンターや民生品の活用などによりコストを10分の1程度に下げるほか、開発・製造期間を18カ月に抑えるなど、徹底したローコストオペレーションを目指す。

同社はモディ首相が推進する「Make In India」イニシアチブの下、独ベルリン・スペース・テクノロジーズ（Berlin Space Technologies）との提携を発表し、インド国内に初となる小型衛星製造工場を建設する計画だ。さらに、将来的な衛星アプリケーションの開発のために、IT／ビッグデータ関連企業との提携も模索していくという。このように、政府を中心とした長い宇宙開発の歴史に、新しいベンチャーが生まれているのがインドの宇宙ビジネスの現状だ。

5-5 中国

中国の宇宙産業の歴史も古く1950年代から始まる。1970年には旧ソ連、米国、フランス、日本に次いで世界で5カ国目となる人工衛星の打ち上げに成功している。近年は宇宙開発が国家経済の発展や国民生活の向上などの面に貢献し、国力を高める重要な要素として積極的に推進をしている。

中国の宇宙開発は典型的な国家主導型だ。宇宙開発体制は、分野ごとに主体が分かれている。民事および商業分野に関しては国家航天局（CNSA）が、科学分野は中国科学院（CAS）が、安全保障分野は人民解放軍が担っている。民事および商業分野の実働部隊は、国営企業である中国航天科技集団公司（CASC）や中国航天科工集団公司（CASIC）だ。1999年設立の中国航天科技集団公司の売り上げは内閣府公開資料によると1兆2000億円ほどで、宇宙分野に関しては数分の一とみられる。

中国では5年に一度の宇宙白書で、宇宙開発全体の方向性が示される。2016年に発表された最新版の宇宙白書では、宇宙輸送システム、宇宙インフラ、有人宇宙、深宇宙探査、宇宙新技術など全方位戦略が掲げられており、2017～2018年に月面探査、2020年に火星探査機の打ち上げを計画している。

宇宙輸送システムに関しては2014年12月に長征ロケットシリーズの200機目の打ち上げに成功するなど豊富な実績を誇る。2005年から2014年の10年での世界全体でのロケット打ち上げ1021回の中で、中国は131回と6番目だが、近年は打ち上げ回数で米国と同等レベルになってきている。外国衛星の打ち上げの受注も積極的に進めている。2013年にはボリビアの衛星を打ち上げた。

そして、新たな市場に対する積極的な姿勢も見せ始めている。中国航天科技集団公司傘下の中国長征ロケット有限公司が、今後の宇宙ビジネスの可能性として「商業打ち上げサービス」「サブオービタル飛行体験プログラム（2020年以降）」「宇宙資源利用」に言及するなど、世界的な潮流に対する中国の姿勢が見える。

有人宇宙飛行に関しては、2003年に宇宙飛行士を乗せた初の有人宇宙船「神舟5号」の打ち上げに成功、2013年には3人の宇宙飛行士を乗せた「神舟10号」と宇宙実験室の「天宮1号」のドッキングに成功した。次のフェーズは2020年頃を目標とした独自の国際宇宙ステーション「天宮」の建設だ。

また、月探査に関しては、2007年に嫦娥1号（周回）、2010年に嫦娥2号（周回）、2013年に嫦娥3号（月着陸）を打ち上げた。2017年中には、月のサンプルリターンを行う嫦娥5号の打ち上げを計画している。

また、社会インフラとしての宇宙インフラの整備も進めている。独自の測位衛星システムである、北斗（Beidou）航行測位衛星システムを2000年以降から段階的に整備している。現在は約20機ほどが運用されており、地域測位システムを完成させている。

欧米の商業宇宙産業とは異なるアプローチをとる中国であるが、宇宙開発という意味では極めて積極的な活動をしており、今後の活動が注視される。

日本の宇宙ビジネス

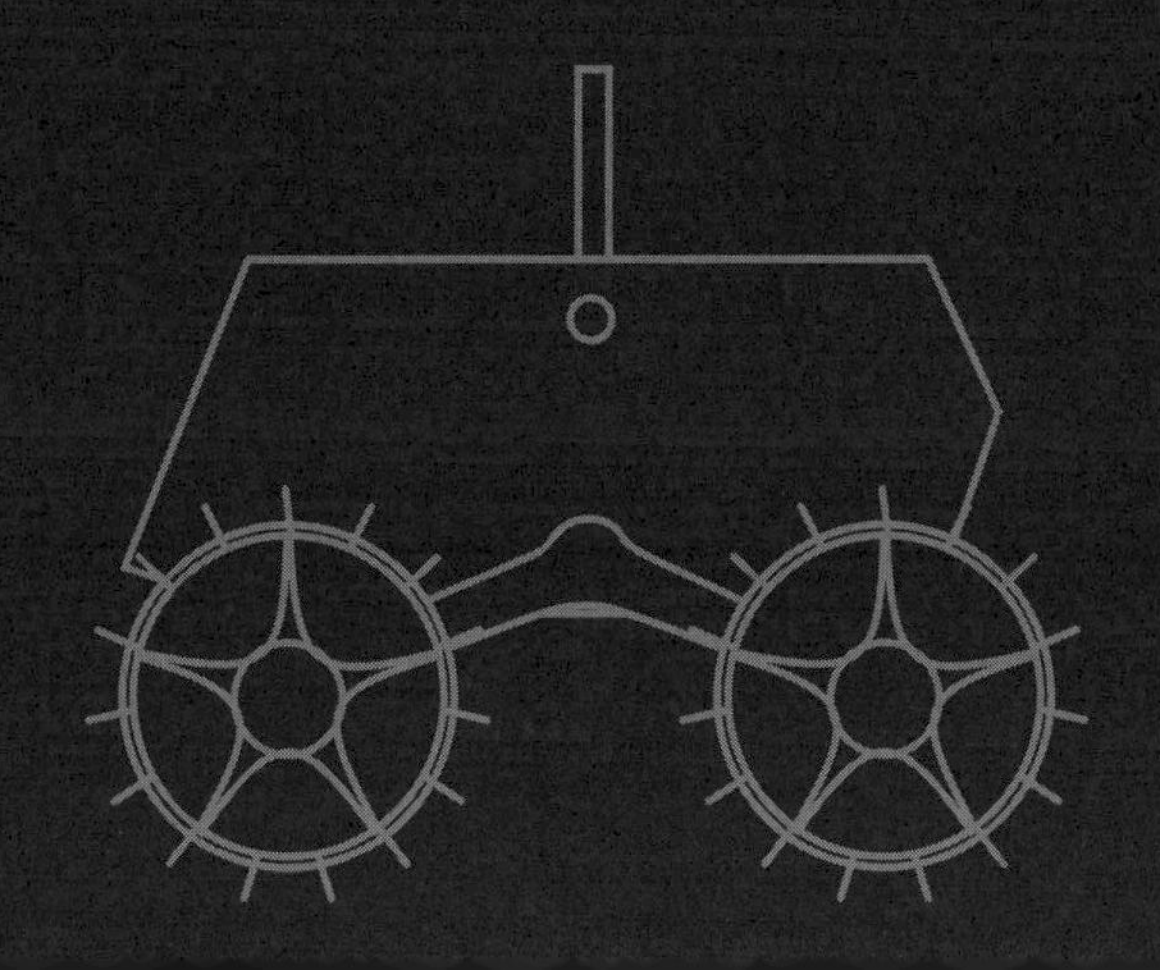

6-1 歴史と現状

日本の宇宙産業の歴史は1950年代のロケット実験まで遡る。1949年に東京大学生産技術研究所が発足し、1955年4月12日に同研究所の糸川英夫博士による日本初のロケット水平発射実験が東京・国分寺市で行われた。場所はかつてナンブ銃を製造していた新中央工業の銃器試射用ピットだ。実験に使用されたロケットの全長は23センチメートル、直径が1・8センチメートルという小さなもので、そのフォルムから「ペンシルロケット」と呼ばれた。当時日本ではレーダーによるロケット追跡ができなかったため、水平に発射する方法が取られて、ロケットの速度・加速度、重心や飛翔経路など貴重なデータを得た。

その後、1960年代に入ると、国としての宇宙開発体制の構築が始まり、1962年には内之浦宇宙観測研究所が開設、1964年に東京大学宇宙航空研究所が設置された。国産技術による固体燃料ロケットが開発された結果、1970年には世界で4カ国目となる人工衛星「おおすみ」の内之浦からの打ち上げに成功した。1969年には種子島宇宙センターが開設、1969年にはJAXA（宇宙航空研究開発機構）の前身となるNASDA（宇宙開発事業団）が発足した。

その後、１９７０年代は米国から液体燃料ロケットに関する技術導入が進み、１９７５年には技術試験衛星「きく」１号が種子島から打ち上げられた。また気象衛星「ひまわり」１号が１９７７年に米国のデルタロケットによって打ち上げられた。

１９８０年代は国産ロケット開発の時代となる。１９８１年に国産化率の高い液体燃料ロケットのＨ１を開発し、１９９４年に初の純国産液体燃料ロケットＨ２を開発した。

国産液体燃料ロケットは、その後、２００１年のＨ２Ａ打ち上げ、２００９年のＨ２Ｂ打ち上げへとつながり、現在次期基幹ロケットのロケットＨ３の開発が進められている。前述した固体燃料ロケットは、その後、１９９７年にＭＶロケット、２０１３年にイプシロンロケットを開発している。

こうして技術基盤を強化してきた日本は、１９９０年代には有人宇宙飛行への参加を始める。１９９２年には毛利衛氏が日本人として初めてスペースシャトルでの宇宙飛行を行い、１９９８年には国際宇宙ステーションの政府協力協定を批准した。

他方で産業観点では、１９９０年の日米衛星調達合意により、政府などの実用衛星は国際競争入札となり、技術実証衛星を直接実用に供することが制約された。その影響もあり、日米衛星調達合意後に日本企業が初の受注をするのは、２０００年のひまわり７号を三菱電機が受注するまで間が空くこととなった。

２０００年代以降は、２００３年にＪＡＸＡが発足。２００５年の小惑星探査機「はやぶさ」によるサンプル回収、２０１０年の帰還など科学探査の面で大きな成果を上げた。はやぶさは、世界で初めて月以遠の天体表面に着陸してサンプルリターンを成功させた事例であり、まさにエポックメイキングな成功例だ。

産業の観点では、２００７年にＨ２Ａロケットの打ち上げサービスが三菱重工業に民営化されるなど民間企業の力をより活用する時代へと入った。一方、宇宙政策の観点からは宇宙開発利用の拡大や日本をとりまく安全保障環境の変化などから、大きく舵が切られていく。

以上が日本の宇宙産業の大まかな歴史であるが、海外調査機関による客観的な調査レポートなどでは、日本は自律的宇宙利用を可能にする技術・産業基盤が高く評価を受ける一方で、内需・外需の規模が限定的であり、産業競争力の弱みが指摘されるケースが多い。

実際、日本航空宇宙工業会が公表している宇宙機器産業の日米欧売上高比較では、米国の約４・５兆円、欧州（各国宇宙機関含む）の１兆円に対して、日本は約３０００億円にとどまっており、大きく差があるのが現状だ。また日本の機器産業は官需が90％程度を占める。

分野別の世界シェアでも欧米とは差がある。内閣府公表資料では、大型商用衛星は２００１〜２０１４年に世界で３１０機が製造されたが、欧米企業が寡占しており、三菱電機など日本企業の受注機シェアは約２％だ。２０１４年単年の衛星製造メーカー別シェアでも日本は５％

にとどまる。

打ち上げに関しては、2005~2014年の10年で、世界全体では官需と民需を合わせて合計1021回の打ち上げがされたが、米国301回、ロシア・ウクライナ206回、欧州161回、中国131回に対して、日本は59回だ。その内数である商業打ち上げ市場において、現在は三菱重工業が運用をしているH2ロケットは、打ち上げ成功率やオンタイム打ち上げ率(既定の日時に打ち上げる割合)に関しては高い水準を誇るものの、市場シェアではスペースXやアリアンスペースなど欧米企業が高いシェアを誇る。

衛星通信事業においては、米国のインテルサット、ルクセンブルクのSES、フランスのユーテルサット、カナダのテレサットに続き、日本のスカパーJSATはアジア最大で世界5位だ。1989年のサービス開始以来、現在軌道上に17機の静止衛星を配備して事業展開をしている。そのカバー範囲は日本を中心に、アジア、オーストラリア、ロシア、北米などだ。同社はアジア地域においてHTS(High Throughput Satellite:大容量通信衛星)の投入をするだけでなく、今後需要が拡大する低軌道衛星向けの地上局サービスにも参入している。さらに2017年5月には将来最大108機の低軌道通信衛星を配備することを計画している米国のレオサットとの戦略的パートナーシップと出資に関する合意を発表するなど、積極的な事業展開を見せている。

6-2 近年の産業振興

２００８年５月、自由民主党、公明党、民主党（当時）の超党派の議員立法により宇宙基本法が制定された。

第１条には「国民生活の向上及び経済社会の発展に寄与するとともに、世界の平和及び人類の福祉の向上に貢献することを目的とする」、第３条には「宇宙開発利用は国民生活の向上、安全で安心して暮らせる社会の形成、災害、貧困、その他の人間の生存及び生活に対する様々な脅威の除去、国際社会の平和及び安全の確保並びに我が国の安全保障に資するよう行われなければならない」と記されている。

このように、従来、衛星やロケットの開発が主だった宇宙開発を課題解決の手段として利用推進していくこと、国家戦略としての宇宙政策の決定と推進を行っていくことなどが定められた。

背景には位置情報サービス、通信放送サービス、災害監視など宇宙開発利用ニーズの高まりがあったこと、また１９９８年のテポドンショック以降、日本をとりまく安全保障環境が大きく変化してきたこと、そして中国やインドが宇宙開発を積極推進してきたことがある。

さらには、宇宙開発利用の拡大を戦略的に推進するための司令塔機能の必要性が指摘された。そして、宇宙基本法に基づいて、２００８年には宇宙開発利用に関する施策推進のために宇宙開発戦略本部が内閣府に設置された。本部長は内閣総理大臣、副本部長は内閣官房長官および内閣府特命担当大臣（宇宙政策）であり、全閣僚が出席する。また政策の企画・立案・総合調整を担う組織として、内閣府に宇宙開発戦略推進事務局が設置された（呼称は２０１６年時点）。

そして、宇宙の開発から利用までは長期間にわたる場合が多い。これを継続的・計画的に推進するための予見可能性を高める観点から、20年先を見通した10年間の政府施策を総合的かつ一体的に推進する計画の策定が明記されて、宇宙基本計画の策定が行われた。

２０１５年１月に策定された３回目の宇宙基本計画では、宇宙政策をめぐる環境変化として、宇宙空間におけるパワーバランスの変化、宇宙空間の安全保障上の重要性の増大、地球規模課題の解決に宇宙の果たす役割の増大、日本の宇宙産業基盤の揺らぎなどが指摘され、日本の宇宙政策の目標を、「宇宙安全保障の確保」「民生分野における宇宙利用促進」「産業・科学技術基盤の維持・強化」と掲げている。

また宇宙政策に関わる重要事項を外部有識者が審議・調査する場として、２０１２年に設置された内閣府の宇宙政策委員会においても、傘下に宇宙安全保障部会、宇宙民生利用部会、宇宙産業・科学技術基盤部会の3部会が設置され、様々な議論がされている。筆者も2015年から参加している宇宙民生利用部会では、宇宙技術やデータ利活用を中心に、ロボット・ICT農業、海洋状況把握、防災・減災、自動運転、衛星インターネット、IoT通信インフラ、ベンチャー企業、リスクマネーなど様々な角度での議論が行われている。

そして、2016年11月に成立したいわゆる宇宙二法、「宇宙活動法」と「衛星リモートセンシング法」は大きなマイルストーンだ。前者は人工衛星などの打ち上げと人工衛星の管理について、後者は衛星に搭載したセンサーによって取得されるデータの取り扱いに関する法律だ。これまでのJAXAを中心とした宇宙開発に加えて、今後民間企業主体の宇宙ビジネスを行っていく上で、制度的整備がなされたことは大きな一歩だ。例えば、人工衛星の打ち上げに関する政府補償制度の導入など、事業リスクを下げることで、新たな民間企業の参入を促すことが期待される。

6-3 宇宙産業ビジョン2030

２０１７年５月に取りまとめがされた「宇宙産業ビジョン２０３０」では、今後の日本の政策指針を見ることができる。これは先述した宇宙政策委員会の宇宙産業振興小委員会で約1年にわたり12回の議論が重ねられてきたものだ。

ビジョンの前提となる時代背景として「宇宙産業の世界的なパラダイムチェンジ」というキーワードとともに、「宇宙分野とＩＴ・ビッグデータを結節するイノベーションの進展」「コスト低下による宇宙利用ユーザーの広がり」「民の大幅活用（宇宙活動の商業化）とそれに伴う変化の加速化」などが記載されている。こうした背景を踏まえて掲げられた全体方向性は、「宇宙産業は第４次産業革命を推進させる駆動力。他産業の生産性向上に加えて、新たに成長産業を創出するフロンティア」「宇宙技術の革新とビッグデータ、ＡＩ、ＩｏＴによるイノベーションの結合」「民間の役割拡大を通じ、宇宙利用産業も含めた宇宙産業全体の市場規模（現在１・２兆円）の２０３０年代早期倍増を目指す」だ。

一般的には遠く感じることもある宇宙産業を、他産業の生産性向上や成長産業を生み出すためのイネーブラーとして位置付けたことは特徴的だ。世界の宇宙産業でも、スペースＸのイーロン・マスク氏が目指すような月、火星、小惑星など深宇宙へと人類の文明圏を進めていく方向性とともに、低軌道通信衛星によるインターネットインフラ構築を目指すワンウェブのように宇宙産業が地上のあらゆる産業とつながる中で成長・発展していく方向性も存在する。

こうした大方針の下、宇宙利用産業、宇宙機器産業、海外展開、新たな宇宙ビジネスのそれぞれにおいて課題認識と対応策が示されている。利用産業では、「政府衛星データのオープン&フリーの推進」「モデル実証事業の推進」が掲げられている。世界的には米国のNOAA（海洋大気庁）の事例のように、政府衛星データのオープン&フリー化およびその先の衛星データ利活用コミュニティ形成が進む。今後の具体的な議論が重要だ。

機器産業では、「継続的な衛星開発（シリーズ化）」「新型基幹ロケットの開発」「部品・コンポーネント技術戦略」「調達制度の改善」とともに、「小型ロケット打ち上げのための国内射場の整備推進等」が掲げられた。小型ロケット分野はスペースXなどが進める大型ロケットとは異なる宇宙へのアクセス革命として、世界的に注目を集めており、日本では2017年1月にJAXAが世界最小級の「SS520」4号機の打ち上げ実験を行った。残念ながら途中で中止されたが、大きな可能性のある取り組みだ。

また39ページにわたる産業ビジョン本文の中に、計41回「ベンチャー」という言葉が出てくるように、産業発展のための宇宙ベンチャーに対する期待も大きい。日本では現在約20社の宇宙ベンチャーが存在しており、エッジの効いた技術やユニークなビジネスモデルを持っているが、その数を増やしていくことが大きな課題だ。政府による施策としては、2015年度末に産学官の垣根を越えたネットワーキング組織S-NET（スペース・ニューエコノミー創造ネットワーク）が立ち上がった。様々なプレイヤーが集う「場」としての役割とともに、参加する企業を積極的に支援・コーディネートする機能を有する。

また2017年には内閣府宇宙開発戦略事務局とJAXAおよび民間企業が協力する形で、ビジネスアイデアコンテスト「S-Booster」を立ち上げた。その目的は宇宙という素材を活用したあらゆるビジネスアイデアを発掘し、メンタリングを実施することで、アイデアの事業化を支援することだ。初年度となる2017年には、民間企業スポンサーとして、三井物産、スカパーJSAT、ANAホールディングス、大林組などが参加している。

また、リスクマネーの強化も掲げられた。2017年まで3年間で日本の宇宙ベンチャーは累計100億円ほどを調達してきたが、世界全体では過去10年で1兆円を超えるリスクマネー流入が起きており、2016年末にはソフトバンクが米ワンウェブに10億ドルを出資するなど流れが加速している。こうした中、「リスクマネー流入量を増やすべく日本政策投資銀行や産業革新機構などの政府系金融機関や官民ファンドの参画も促し、民間ベンチャーキャピタルや事業者の宇宙分野向けのリスクマネー供給が拡大する環境整備を行う」ことが明記された。

6-4 日本の宇宙ビジネスイノベーション

法整備や政策面での市場環境変化も追い風となって、日本でも近年新たなトレンドが生まれてきている。具体的には、①ベンチャー企業の加速、②異業種企業による宇宙分野への投資や宇宙技術の利活用、③グローバルビジネス展開だ。

ベンチャー企業の加速に関しては、過去10年の間に様々な起業家や投資家が、超小型衛星、衛星ビッグデータ、デブリマネジメント、宇宙資源探査などに参入しており、これまでにベンチャーキャピタルやエンジェル投資家から累計１００億円以上を資金調達している。ベンチャー企業数は20社ほどと欧米と比較すると少ないが、各社ともに特徴的なビジネスモデルを持っている。

アストロスケール（ASTROSCALE）のスペースデブリ除去事業や、ＡＬＥの人工流れ星による宇宙エンターテイメント事業などは世界的にみても類似の事例が見つからない。また、日本企業は小型化技術にも優れる。衛星ベンチャーアクセルスペース（Axelspace）の小型衛星は世界最小級であり、アイスペース（ispace）が開発する月面探査無人ローバーも世界最小級だ。宇宙関連技術以外にも、エレクトロニクス、自動車、ＩＴなど様々な技術アセットがある。

こうした技術融合には高い期待が集まる。

異業種企業による宇宙技術の活用という点では、人工知能やIoTなどの新技術と横並びで、宇宙技術を自社ビジネスの高度化のために活かそうという動きが広がる。具体的には①衛星技術・データ利活用、②宇宙空間利活用、③宇宙コンテンツの利活用に大別される。また、宇宙ベンチャーが切り拓く新たなビジネスに対して投資や業務提携で関わる企業も増えた。主な事例だけでも通信、IT、エアライン、自動車メーカー、農業機械メーカー、商社などがある。資金力ある多種多様な異業種企業が、顧客として、パートナーとして、機関投資家として、新たな宇宙産業にこれだけ興味を持っているのは日本の大きな特徴であり、固有のエコシステムであると言える。

宇宙ビジネスのグローバル化も加速している。従来の宇宙産業は国や地域に分かれており、まずは自国で立ち上げて、その後にグローバル展開するという段階的な地域展開であったが、新たな宇宙ビジネスは、事業当初からグローバル市場が前提となる。日本では従来の宇宙産業領域において、三菱重工業や三菱電機がグローバル受注を積極的に進めるだけでなく、新たな宇宙ビジネスにおいても、商業宇宙資源開発を目指しているispaceがルクセンブルク政府と提携するなどベンチャー企業が既にグローバルに動き始めている。

［ベンチャー企業の台頭］

日本でも大小20社ほど宇宙ベンチャーが存在するが、主だった企業を紹介したい。まず注目を集めるのは衛星関連の取り組みだ。

アクセルスペースは東京大学と東京工業大学発の超小型衛星ベンチャーだ。2013年11月に気象会社ウェザーニューズ向けに開発した、北極海域の海氷観測のための小型衛星「WNISAT-1」を製作・打ち上げた。

さらに2014年11月には地球観測衛星「ほどよし1号機」を打ち上げるなど、実績を重ねてきている。ほどよし1号機は、内閣府の最先端研究開発支援プログラム「ほどよし信頼性工学」を適用した衛星であり、低コストと短期開発が特徴だ。

2017年7月にはウェザーニューズ向けの2号機となる「WNISAT-1R」の打ち上げに成功した。

また2016年にはJAXAから革新的衛星技術実証プログラム実証1号機の開発・運用を受託した。JAXAがベンチャー企業に発注するのは初めてのことだ。

さらに今後は自社の地球観測衛星「GRUS」の打ち上げを計画している。「GRUS」は

2・5メートルの地上分解能をもつ小型衛星であり、同社では「GRUS」を2022年までに50機打ち上げて次世代の地球観測インフラ「AxelGlobe」を構築し、最終的に世界中のあらゆる地点を1日1回撮影する能力を持つという。また同社では年間7〜8ペタバイトになる大量の衛星データをクラウドで管理し、ディープラーニングの活用によって自動解析・情報抽出する分野にも取り組んでいる。これらの実現に向けて、すでに約19億円のシリーズA投資ラウンドを終えている。

ベンチャー企業ではないが、キヤノングループの電子部品大手キヤノン電子は、超小型の光学衛星に取り組んでいる。同社は大きさが50センチ×50センチ×85センチで、重量が65キログラムの小型衛星を開発し、2017年6月にはインドからの打ち上げに成功した。将来的には衛星画像や衛星自体の販売につなげ、販売価格を1機10億円以下に抑えることが目標だ。同社の開発思想について同社の酒匂信匡・衛星システム研究所長は「大量の衛星を作るためにどう製造しなければいけないかを考えている。大型衛星が一品モノのお惣菜パンだとすると、我々が作るのはラインで流す食パンだ」と語る。小型量産衛星ならではの設計・開発・製造手法の確立に挑む。

小型のSAR（合成開口レーダー）衛星の開発も進む。その取り組みを進めるのは、2005年に創業して九州に拠点を構えるQPS研究所だ。光学衛星と違い、夜間や天候不良時にも観測が可能なSARには世界の注目が集まっているが、従来は重量1トン以上、コストも数百億円かかることが常であった。同社が目指すのは分解能1メートル、重量100キログラム以下、1機当たり10億円以下の小型レーダー衛星である。その実現の核となるのが、千葉大学とともに開発した、独自の大きくて軽いアンテナ技術だ。最初の1機を2018〜2019年に打ち上げ、2023年までに4機体制を推進。将来的には36機の衛星によるコンステレーション計画を保有している。

小型SAR衛星の開発は、内閣府の科学技術政策として行われている革新的研究開発推進プログラム（ImPACT）でも行われており、慶應義塾大学大学院の白坂成功教授がプログラムマネジャーを務める。同プログラムが目指すのは分解能1メートル級、量産時の重量は100キログラム以下、1機当たりコストは5億円以下、打ち上げ後数分から数時間で利用可能な小型SARシステムの開発だ。災害時の随時対応利用に加えて、常時利用をターゲットに入れている。「SAR衛星を小型化するには、アンテナだけでなく、電気系、熱系、通信系、制御系のすべての総合力が必要」と白坂氏は語る。

インフォステラは人工衛星事業者向けのアンテナ・シェアリングサービスを目指している。昨今取り組みが進む数十機〜数百機によるコンステレーションを構築する際の課題が、地上と通信するための地上局とアンテナ設備であり、衛星が取得したデータを如何にダウンリンクするかだ。現在取りうるオプションは、衛星運用会社が自らアンテナを設置するか、ノルウェーのKSATなど世界各国に地上局とアンテナ設備を保有する企業から通信サービスの提供を受けるかである。

インフォステラが着目したのは、既に各国の大学や研究機関が保有する地上局やアンテナなどの非稼働時間の多さだ（衛星がアンテナ上部を通過して通信するのは10〜20分程度）。既存設備をネットワーク化し、通信機会という資源を効率配分し、低コストで供給することで、「宇宙通信のアマゾン・ウェブ・サービスを目指す」（同社COOの石亀一郎氏）。2017年夏には十数カ所のアンテナを結んだサービスを試験的に開始した。衛星運用会社には予約とオンデマンドの2種類の料金体系でサービスを提供し、アンテナ所有者には稼働分の売り上げの一部を還元する事業を検討中だ。

宇宙アクセス革命に挑む企業もある。

インターステラテクノロジズは、堀江貴文氏が創業者として知られる企業で、小型衛星を低軌道に投入するための専用ロケットを開発中だ。目指すのは「ロケット界のスーパーカブ」であり、代表取締役の稲川貴大氏は「現在、小型の衛星の打ち上げは相乗りがほとんどのため、打ち上げの時期も軌道も融通が効かず、コストも高い。解消できれば潜在需要は大きい」と語る。目標は打ち上げコストを一桁下げることだ。

開発の肝は、枯れた安定技術を活用し、可動部の少ないシンプルな構成とすることで、量産してコストダウンを実現することだ。参考にする技術論文には1960～1970年代のサターンロケット時代のものも多い。一方で、アビオニクス（飛行のための電子機器）には技術進化の早い民生電子品を積極活用している。

同社は2017年7月、観測ロケット「MOMO」初号機の打ち上げ実験を北海道大樹町で行った。ロケットは無事に離床、66秒間飛行したところでテレメトリが途絶したため緊急停止をし、予定落下区域に落下させた。「今回の打ち上げ実験では多くの成果が得られ、今後のロケット開発に向けての大きな前進になりました」と同社は発表した。

また、2017年8月には、キヤノン電子が筆頭株主（70%）となり、IHIエアロスペース、清水建設、日本政策投資銀行と小型衛星の打ち上げサービスの事業化を目指して「新世代小型ロケット開発企画株式会社」を設立することが発表された。

ＰＤエアロスペースは設立が２００７年と日本の宇宙ベンチャーの中では長い歴史をもつ企業だ。同社が取り組むのは宇宙利用の促進であり、低コストで利便性の高い宇宙輸送システムの構築を目指している。現在、世界初となるジェットエンジンとロケットエンジンを切り替えることのできる次世代エンジンと、完全再使用型の弾道宇宙往還機を開発中だ。

将来想定されるサービスは宇宙旅行だ。最高高度１００キロメートルまでの弾道宇宙旅行で、全フライト90分、無重力時間が約５分と想定されている。同社は、２０１６年末に旅行代理店大手のエイチ・アイ・エス、エアライン大手のＡＮＡホールディングスと民間主導による宇宙機開発を行うことで合意。宇宙旅行をはじめとする宇宙輸送の事業化に向けた資本提携を発表した。出資額は５０００万円だが、これが呼び水となり今後の追加投資に期待が集まる。

そして世界的に見ても特徴的なのが、次の2社だ。

アストロスケールはスペースデブリの除去に取り組んでいる。先述のように地球軌道上には監視可能な10センチメートル以上のデブリが2万個以上存在し、人工衛星などに衝突する可能性が高まっている。また、今後は地球低軌道に数百から数千機の衛星が打ち上がり、宇宙空間における運行管理は複雑化していく。そうした中、デブリ問題はますます注目される可能性が高い。

日本の主なニュープレイヤー

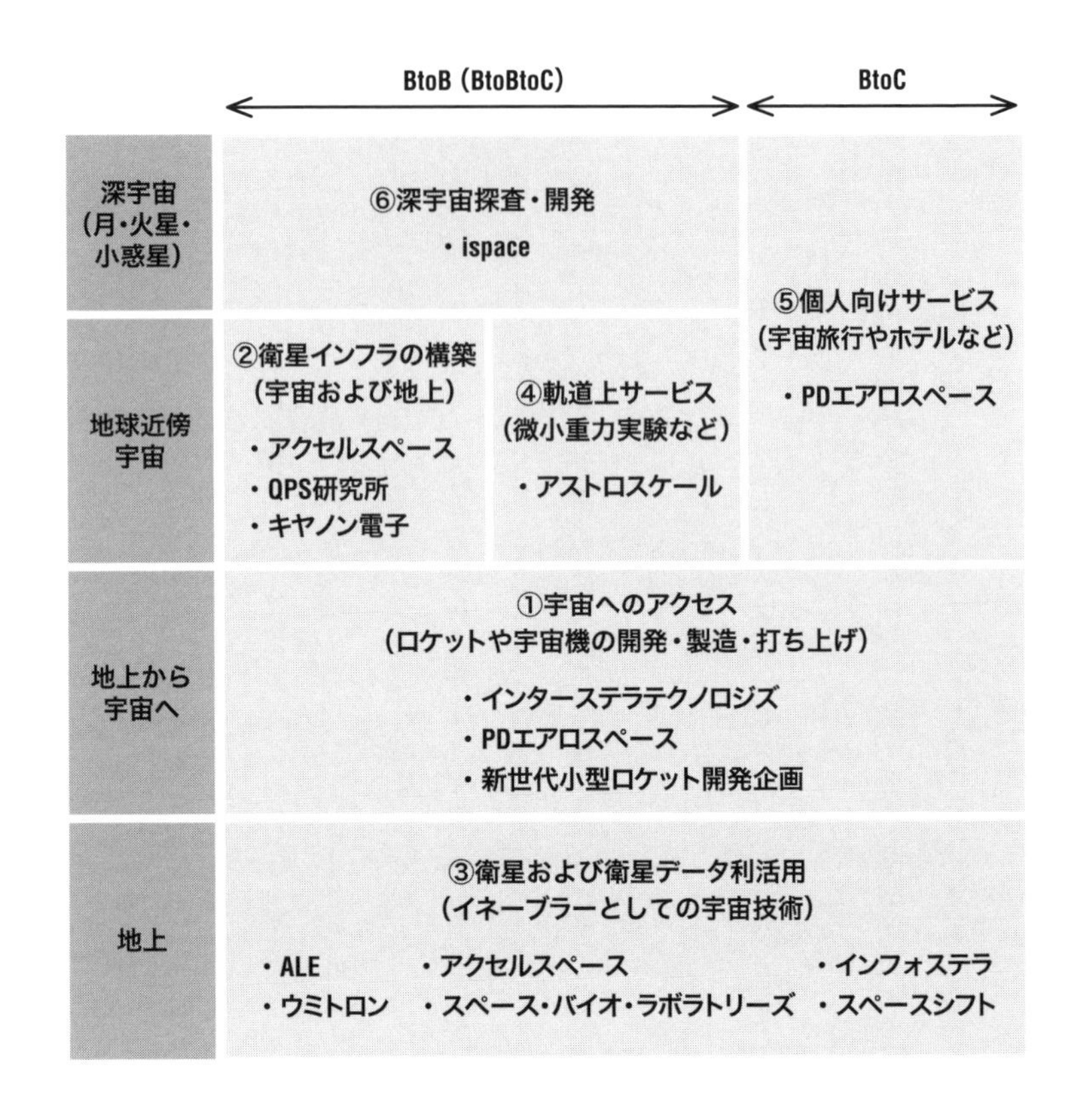

アストロスケールは独自システムによるデブリ除去を目指しており、2013年にシンガポールに本社を創業した。2015年にジャフコおよびエンジェル投資家から、2016年に産業革新機構などから、2017年には既存投資家およびANAホールディングスや切削工具メーカーのオーエスジーなどから総額60億円を調達している。

今後は、2017年末から2018年初頭に、微小デブリ計測衛星「IDEA OSG1」を、2019年にデブリ除去衛星実証機「ELSA-d」を打ち上げる予定だ。ビジネスモデルやレギュレーション上の論点が難しいデブリビジネスであったが、同社はコンステレーションの故障衛星除去などの明確なニーズを引き出し、またレギュレーションでは世界各国の政府と検討を重ねて、活路を見出してきている。

ｉｓｐａｃｅは、民間月面無人探査レース「グーグル・ルナXプライズ」に参加するチーム「HAKUTO」の運営母体企業だ。航空宇宙工学で有名なジョージア工科大学大学院卒の袴田武史氏が経営面を、「はやぶさ」の開発にも関わる東北大学の吉田和哉教授が技術面を統括しており、開発中のローバーは遠隔走行および小型軽量化の技術が満載だ。Xプライズの先に、中長期的に目指すのは惑星資源探査・開発ビジネスだ。

袴田氏は「HAKUTOで実証する技術を活用し、将来的には何百台規模の超小型宇宙ロボットを惑星に展開して、人類が宇宙生活圏を作るための探査や資源の利活用を目指したい」と語る。同社はJAXAと2016年12月に月資源開発に関する5年間の覚書を締結している。また欧州で商業宇宙資源開発のハブを目指して企業誘致を進めるルクセンブルク政府とも提携。同社のオフィスを同国内に置き、ルクセンブルク政府が開発した質量分析計を同社の月面探査ローバーに搭載するという提携を発表した。海外の政府と日本の宇宙ベンチャー企業が協力して宇宙資源開発を行うことは初の事例だ。

さらには宇宙利用を目指すベンチャー企業もある。

ALEは、人工の流れ星を作る「Sky Canvas」プロジェクトを推進する宇宙エンターテイメント企業だ。流れ星の元となる粒子を詰め込んだ、約50センチ四方の人工衛星を打ち上げて、地上500キロの宇宙空間から粒子を放出。これが大気圏突入時に流れ星となる仕組みだ。炎色反応を使うことで流れ星の色を制御することも視野に入れている。2016年までに個人投資家から総額7億円の資金を調達した。

人工流れ星を観測できる範囲は直径200キロにも及ぶため、都市や大規模商業施設のプロモーションなどにも活用可能である。代表取締役の岡島礼奈氏によると、ドバイから「シティプロモーションに人工流れ星が使えないか」など世界から問い合わせがあるという。最初のプロジェクトは2019年に広島&瀬戸内で実施予定だ。また、将来的にはエンターテイメントだけではなく、流れ星観測で基礎科学分野への貢献も狙う。

スペースシフト（Space Shift）は2009年に設立された宇宙の利活用を行うベンチャーだ。超小型衛星キットや衛星コンポーネントの企画開発を行う。さらに近年はSAR（合成開口レーダー）に特化した衛星データ解析ソフトウェアの開発に進出し、人工衛星を用いたレーダーデータの解析によって、地上の小さな変化を捉える技術開発を行っている。衛星由来のデータと地上の変化の相関を導き出し、経済活動予測などに活かしていく計画だ。

広島に拠点を構えるスペース・バイオ・ラボラトリーズ（Space Bio Laboratories）は、宇宙ステーションと同じ1000分の1G環境と2～3Gの過重力環境を提供する重力制御装置「Gravite」を提供。NASAのケネディ宇宙センターにも納入され、宇宙実験の予備実験などに活用されているという。昨今話題の再生医療の観点からも、幹細胞の微小重力環境下での培養が注目領域とのことだ。

[異業種による宇宙技術の利活用]

衛星技術・データの利活用

衛星技術・データの利活用は、通信衛星、測位衛星、観測衛星それぞれで事例が増えつつある。通信衛星は地上の通信システムがない、いわゆるオフグリッドエリアでの活用が進んでいる。例えば建設機械大手のコマツは、遠隔地での鉱山オペレーションの経済性、生産性、安全性の確保を目的としてスマートコンストラクションを進めているが、その際には衛星通信やGPSを活用している。地上通信網が発達していないオフグリッドエリアにおいて、ユーザー自身が自らのオペレーションを高度化するために衛星を利活用する好例だ。

また自動車分野でも衛星通信の利活用が検討されている。先述したように、トヨタ自動車は衛星通信受信アンテナベンチャーの米カイメタと共同研究開発を進めている。

測位衛星技術の利活用で注目を集めるのが農業トラクターの自動化だ。クボタ、ヤンマー、井関農機など大手農機メーカーが実証実験を重ねてきた。その実現の核となるのが高精度GNSS(全地球衛星測位システム)モジュールだ。同モジュールプロバイダーであるマゼランシステムズジャパンは「高精度測位によるトラクターの自動運転や無人運転は量産化の段階にきている。かつては、高精度測位はコストも高く、測量分野でしか使われなかったが、10分の1

異業種企業による宇宙技術の利活用

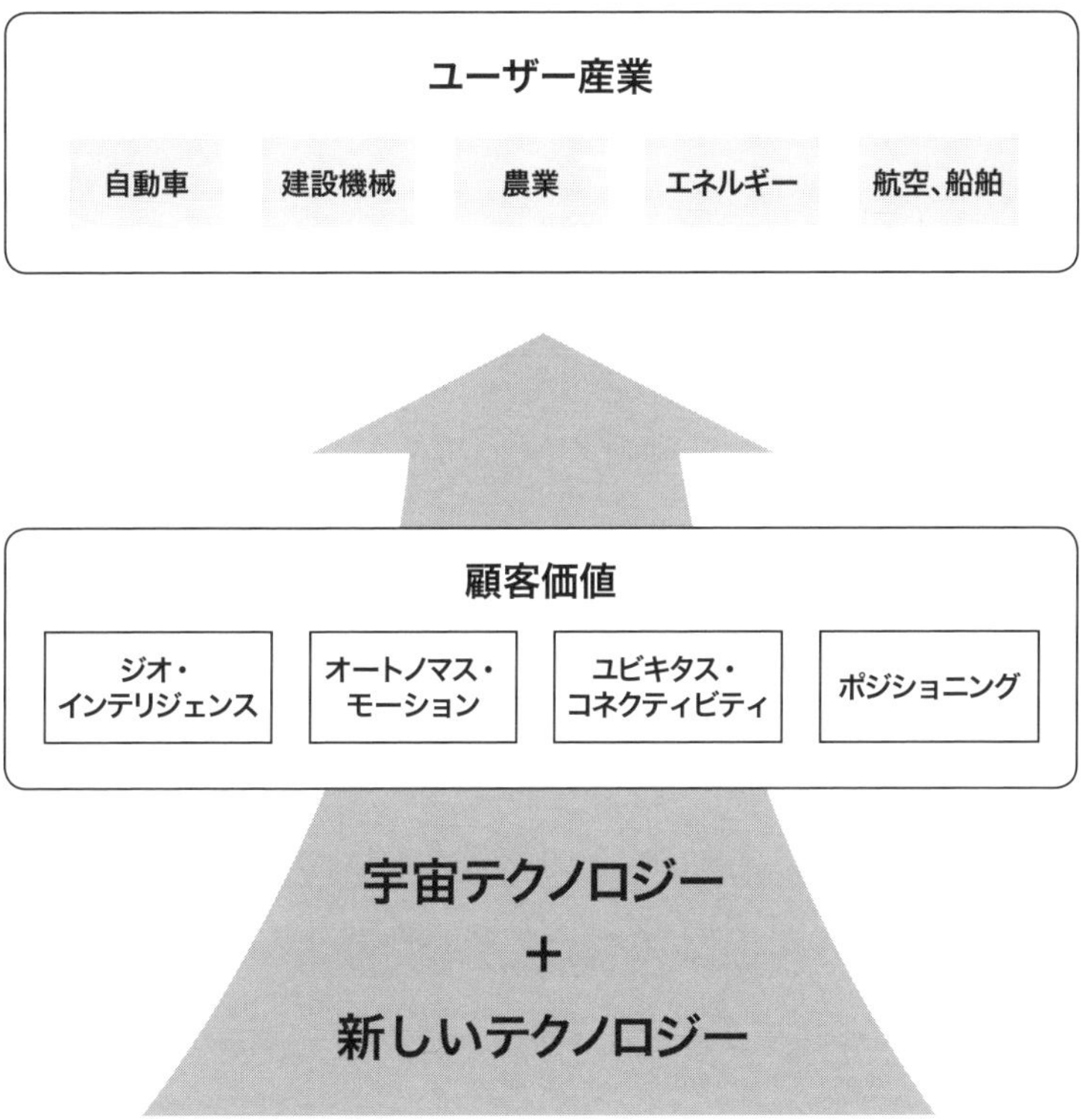

ユーザー産業

自動車　建設機械　農業　エネルギー　航空、船舶

顧客価値

ジオ・インテリジェンス　オートノマス・モーション　ユビキタス・コネクティビティ　ポジショニング

宇宙テクノロジー
＋
新しいテクノロジー

以下のコストを実現することで用途を広げてきた」としており、既に商用化の段階に来ている。

また、日本独自の測位衛星システムである準天頂衛星に関連した動きもあり、同衛星の利活用として自動車、鉄道、農業機器、建設機器などが検討されている。特に自動車分野において衛星から受信するセンチメートル級の高精度測位情報の利活用のために、同等精度の3次元デジタル地図「ダイナミックマップ」の基盤整備をするための取り組みが、国内自動車メーカー、地図ベンダー、三菱電機などの合弁事業という形で立ち上がっている。

観測衛星の利活用事例は数多く存在するが、例えばNTTデータはJAXAの地球観測衛星ALOSの衛星画像300万枚を活用して、世界で初めて5メートル分解能の全世界高精度3D地図を作成、「AW3D」として世界60カ国でサービス展開し、市場開拓を進めている。具体的には防災対策、電力分野の発電計画、都市計画、および航空機の運用シミュレーションなどに活用されている。AW3Dは2016年3月に発表された第1回宇宙開発利用大賞の内閣総理大臣賞を受賞するなど、日本でも注目されている。

また、同じく第2回宇宙開発利用対象で内閣府特命担当大臣（宇宙政策）賞を受賞したのが、損害保険ジャパン日本興亜がリモートセンシング技術センターと共同開発した天候インデックス保険だ。具体的には、地上の気象観測インフラがない中、衛星データから推定される雨量からミャンマーの小規模農家向け保険サービスを開発したのだ。

ベンチャー企業の取り組みにも注目が集まる。好例は水産養殖向けのデータサービスベンチャーのウミトロンだ。21世紀は養殖の時代とも言われるが、世界の養殖漁獲高は既に天然漁獲高と匹敵しており、将来的には養殖が市場全体の3分の2を占めると言われている。金額ベースの市場規模は年間約5％で伸びており、２０２０年には世界の養殖市場は20兆円を超えるという予測もある。

養殖産業の課題はエサ代だ。同社代表取締役の藤原謙氏は「養殖は成長産業だが、エサ代が生産コストの70％を占めている。生産管理するためのデータはほとんどなく、海に一歩出るとセンサーネットワークを張り巡らせるのも難しい」と産業課題を語る。ウミトロンは三つのデータを取得・統合して、エサの量とタイミングの最適化を進める。

一つは生簀（いけす）内のデータで、水中カメラで魚の動きや生育状況をモニタリング。二つ目は遺伝子データで、ＰＣＲ（ポリメラーゼ連鎖反応）技術を活用してミクロな養殖環境のモニタリングする。そして三つ目が衛星情報による広域のプランクトン分布や海面温度のモニタリングだ。産業課題を起点とした、衛星データと他データの統合による顧客オペレーションの改善であり、まさにＩｏＴ時代の宇宙データ活用の好例といえる。

ウミトロンの宇宙データ利活用

市場環境	▶**養殖市場は今後世界的に成長する見込み** ・年間約5%で伸びており、2020年には市場規模が20兆円を超え、また2030年には、養殖が漁業全体の3分の2を占めると言われている ・インドネシアではタイ、クエ、エビなどの養殖がGDPの15%を占め、毎年20%程度成長
課題	▶**一方で、エサ代の価格高騰により経営が大きく圧迫されている** ・養殖では生産コストの半分以上をエサ代が占める

活用するデータ

ウミトロンは、3つのデータを取得・統合により、エサの量とタイミングの最適化を図り、エサにかかるコストを削減するサービスを開発している

生簀内データ

▶**魚の動きをモニタリングし、エサを食べたかどうかを判断**

- 約300の生簀にいる1万2000匹の魚を水中カメラでモニタリング
- 水中カメラは、データ蓄積以外に生簀の遠隔監視も担い、人が生簀を回る手間を削減

海洋データ

▶**衛星データを活用し、海流のマクロ環境をモニタリング**

- モニタリングを実施している愛媛県愛南町の養殖場は、太平洋の黒潮の影響を受ける
- 衛星データにより海流の表面温度やプランクトン分布を把握

遺伝子データ

▶**海水サンプルを遺伝子技術で解析し、赤潮の発生を予測**

- 赤潮の際には、魚の酸欠防止のためエサやりを中断することが必要
- 海水中のプランクトン個体数を継続モニタリングすることで、赤潮の発生を予測

宇宙空間の利活用

宇宙空間の利活用の好例と言えるのが、国際宇宙ステーションの場で行われている微小重力環境下での実験だ。具体例としては、第2回「日本ベンチャー大賞」を受賞した東京大学発のバイオベンチャー企業のペプチドリームの取り組みがある。同社は国際宇宙ステーション「きぼう」日本実験棟を利用して、高品質タンパク質の結晶生成実験を推進している。JAXAとの間で有償利用契約を結んでいる。

ペプチドリームは、特殊環状ペプチドによる創薬開発プラットフォームシステムという世界に類を見ない技術で、創薬研究開発の分野をリードしている。民間宇宙ビジネスカンファレンス「SPACETIDE 2017」に登壇した同社取締役の舛屋圭一氏は、「薬作りというのは非常に労力がかかるが、ペプチドリームの基盤技術を活用することで、創薬の入口にあたる薬の種を探す過程がシンプルになる。抗体やタンパクのX線情報からペプチドをデザインして、ペプチドから低分子をデザインして、それが開発につながっていく」と語る。

その手段として、微小重力環境という稀有な研究環境を活用している。高品質タンパク質の結晶化プラットフォームを有するJAXAと包括的に連携することにより、従来の取り組みと比べ、より短期間で効率的に創薬標的タンパク質と医薬品候補化合物の構造情報を取得することに挑戦できる。舛屋氏は「無重力の宇宙空間ではペプチドの結晶化がキレイにできる。そのため従来見えなかったものが見える」「その経済インパクトは計り知れない」と語る。

2010年にスペースシャトル「ディスカバリー」に搭乗し、国際宇宙ステーションに滞在した宇宙飛行士の山崎直子氏は「きぼうは日本が持つ宇宙のプラットフォームであり、宇宙ビジネスの実証の場として、医療、ロボット、教育などの様々な分野と協力して、新しいサービスを生み出していく」と語る。宇宙空間の利活用に対する関心は高く、こうした事例が今後増えることを期待したい。

コンテンツとしての利活用

宇宙というコンテンツの利活用に関しては、電通の宇宙ラボの取り組みが好例だ。電通宇宙ラボの小田健児代表は「宇宙ラボは、宇宙に関する相談窓口で、『宇宙×○○』の掛け算の達人です。バーチャル組織で60人ほどが参加しており、国内外の宇宙ベンチャーや非宇宙系企業とコラボレーションを進めてきている」と活動内容を説明する。

そして、「宇宙技術×179の産業分類の掛け合わせを検討しており、既に、宇宙×バイト、宇宙×コミュニケーション、宇宙×教育など30くらいの実績がある。宇宙は見えにくい、わかりにくいが、表現や体験を創造していきたい」と意気込み、宇宙コンテンツやマーケティングに挑んでいる。

自動車メーカーの独アウディも「Audi TT」を日本で市場展開する際に、宇宙を活用した大々的なプロモーションを行った。実際に成層圏の高度3万メートル超まで気球を打ち上げ、そこに搭載されたカメラやハーフミラーなどから構成される映像モジュールで、地球を背景にAudi TTをイメージするホログラムを投影するという挑戦的なプロジェクトを行った。アウディはドイツ本国で2016年までグーグル・ルナXプライズに参戦していたパートタイムサイエンティストをスポンサーしており、独自のクワトロ技術などで支援を行うなど宇宙に対する関心が高い。

筆者が以前インタビューした担当者によると「宇宙というと、あまりに遠い未来だったり、非現実的な存在だったりしたのですが、近年はスペースXなどによる様々な宇宙ビジネスが登場してきており、手が届くリアリティがある未来へと変わってきたと感じています。そういった意味では、もはや宇宙は、Dream（夢）ではなくて、Future（未来）になっていて、まさに今こそアウディの求める技術による先進や、Progressiveというブランドアトリビュートを体現できる場なのではないかと思いました」と語る。

グローバルビジネス展開

先述のように、これまでグローバル商業宇宙市場は欧米企業がリードしてきており、日本のシェアはごくわずかであった。こうした状況を変えていくために、官民連携の枠組みとして海外展開タスクフォースが立ち上がっている。大型ロケットのH2を運用する三菱重工業は、韓国の「KOMPSAT-3」、カナダの「TELSTAR」を打ち上げ、UAEからは「Khalifa Sat」および火星探査機の打ち上げを受注した。衛星分野においては、三菱電機がシンガポール・台湾、トルコ、カタールなどから商業通信衛星を受注し、今後の加速が期待される。

衛星サービスに関しては、今後需要が伸びる低軌道衛星分野でのグローバル進出が目立つ。ソフトバンクは衛星インターネットインフラ構築を目指すワンウェブに10億ドルを投資することでグローバル陣営のトップに躍り出た。また衛星通信事業者のスカパーJSATはノルウェーのKSATとアジア・太平洋地域での低軌道衛星向け地上局サービス事業および衛星画像を活用した情報提供サービス事業において戦略的業務提携を結ぶなどアジア展開を加速している。

ベンチャー企業のグローバル展開も加速している。資源探査・開発を目指すispaceは既に日本だけでなくシリコンバレー、ルクセンブルクに拠点を構えている。シリコンバレーは

NASAのエームズ研究所の一角にオフィスを置く。欧州では商業宇宙資源開発のハブを目指して企業誘致を進めるルクセンブルク政府と提携。同社のオフィスを同国内に置いた。また、スペースデブリ除去を目指すアストロスケールも、本社を構えるシンガポール以外に、日本および英国にも拠点を置き、世界的に活動している。

他方、グローバル展開をしている日本の非宇宙系企業が、データ利活用の観点から、海外の衛星ベンチャーおよび衛星データ解析ベンチャーと協業するケースも今後増えそうだ。米国のプラネット、スパイア、オービタル・インサイトなどは現時点でアジア最大ともいえる日本市場開拓にも積極的であり、営業担当者が定期的に訪れて、多くの企業と話をしている。

このように新たな宇宙ビジネスは従来とは異なり、事業当初からグローバル市場が前提となる。この領域において日本プレイヤーの活躍を期待したい。

6-5 新たな宇宙ビジネスエコシステム

[業種をまたぐアライアンス]

宇宙ビジネスのエコシステムが拡大する中、宇宙ベンチャーを中心に業種をまたぐアライアンスが加速し、ここ1~2年で様々な発表があった。HAKUTOはau/KDDIとオフィシャルパートナー契約を、IHI、Zoff、日本航空、リクルートテクノロジーズ、スズキ、セメダインとコーポレートパートナー契約を結ぶなど、2017年6月時点で28社と契約している。

アクセルスペースは衛星コンステレーション「AxelGlobe」における事業開発のために、アマナ、アマゾンウェブサービスジャパン、三井不動産、三井物産フォレストと提携している。

また、先述したPDエアロスペース、エイチ・アイ・エス、ANAホールディングスの提携では役割分担が明確だ。PDエアロスペースは有人宇宙機開発を、ANAホールディングスは旅客機運航の知見を活かして宇宙機のオペレーションを、エイチ・アイ・エスは宇宙旅行と宇宙輸送サービスの販売を担う。ＰＤエアロスペースＣＥＯの緒川修治氏は「宇宙機開発も運行も販売もすべて自分たちでやろうとしていたが、エイチ・アイ・エスとＡＮＡと組んだことで分業できる。宇宙旅行をするための国内最強チームができた」と語るなどアライアンスへの期待は高い。

このように多様な企業が宇宙産業に興味を示しているのは日本市場の特徴とも言える。

また、２０１６年は国内の宇宙ベンチャー企業とＪＡＸＡの連携が数多く発表された。衛星ベンチャーのアクセルスペースは革新的衛星技術実証プログラムの小型実証衛星１号機に関する契約締結を発表。さらに12月には衛星データ利用事業の促進を図るため、ＪＡＸＡが進める地球観測事業と、アクセルスペースが進める「ＡｘｅｌＧｌｏｂｅ」プロジェクトで相互に連携することで合意した。

また、宇宙資源開発ベンチャーのｉｓｐａｃｅは、同社が運営する月面探査チーム「ＨＡＫＵＴＯ」がＪＡＸＡと共同研究契約を締結し、月遷移軌道および月面における宇宙放射線環境データの取得を共同で実施することを発表した。さらに、月の資源の採掘、輸送および利用などに関する産業の創出・展開に向けた構想をＪＡＸＡとともに検討していく覚書を締結した。

欧米でも、例えばＮＡＳＡは中小企業やベンチャー企業の技術開発・市場開拓のために、過去５年間で３５０億円ほどを投下している。また、昨今話題の小型衛星打ち上げ専用の小型ロケットにおいても、民間ビジネス振興と技術実証を目的として、ロケットラボなどと総額1500万ドルの打ち上げ契約を交わしている。こうした政府機関とベンチャー企業の連携は、日本でも今後さらに期待されている。

【産業横断プラットフォーム：SPACETIDE】

新たな宇宙ビジネスのエコシステムが拡大する中、産業全体のプラットフォームとなるような活動も増えてきている。先述した内閣府主導のS-NETなどもその例と言えるが、米国のように民間側の活動も増えてきている。その一つとして、筆者と同志の仲間が2015年に立ち上げた、日本初の民間による宇宙ビジネスカンファレンス「SPACETIDE（スペースタイド）」を紹介したい。

2014年頃、世界では既に本書で紹介したような新たな宇宙ビジネスの潮流（TIDE）が生まれて、産業全体のパラダイムシフトが進展していた。米国に行くたびに、様々なカンファレンスの場で人々が交流し、多様な議論を交わしている姿に熱気を感じた。他方、日本でも複数の宇宙ベンチャーが誕生し、著名投資家が出資し、メディアの注目も集まり始めていたものの、社会認知は十分ではなく、個々の活動が点としてバラバラに存在している状況だった。そうした点と点をつなぎ、面とすることで、新たな産業としての「かたまり感」を醸成し、発展を促したいと考えたのが原点だ。

こうした思いを抱いていた10人強の仲間で立ち上げたのがＳＰＡＣＥＴＩＤＥだ。初期のメンバーは、筆者以外に、ｉｓｐａｃｅの袴田武史氏、アストロスケールの岡田光信氏、アクセルスペースの中村友哉氏、ウミトロンの藤原謙氏などの宇宙ベンチャー起業家、東京大学大学院の中須賀真一教授、慶應義塾大学の白坂成功教授など有識者、さらにはグローバル・ブレインの青木英剛氏、西村あさひ法律事務所の水島淳氏、野村総合研究所の佐藤将史氏らであった。

初めて開催したＳＰＡＣＥＴＩＤＥ２０１５（主催：ＳＰＡＣＥＴＩＤＥ企画委員会、内閣府宇宙戦略室、後援：経済産業省）は、副題として「ここに来ると新たな宇宙ビジネスの潮流がわかる」とあるように、世界のトレンドを伝え、宇宙ベンチャーを認知してもらうことが目的であった。当日は宇宙ベンチャー、著名投資家、政府系機関、さらにはグーグル・ルナＸプライズに参戦する欧米のベンチャーが登壇して、当時の島尻安伊子・宇宙政策担当大臣（当時）も会場に駆け付けた。参加者として起業家、投資家、エンジニア、研究者、デザイナー、政府関係者など総勢５００人が一堂に会し、約２０００人がカンファレンスのライブ配信を視聴するなど、運営側にとっても驚きとなる反響であった。

２回目となるＳＰＡＣＥＴＩＤＥ２０１７（主催：一般社団法人ＳＰＡＣＥＴＩＤＥ、後援：内閣府宇宙開発戦略推進事務局、経済産業省、文部科学省、宇宙航空研究開発機構）は、副題として「つながりが、新たな宇宙ビジネスを生み出す」として、宇宙ベンチャー、投資家、政府系機関のみならず、宇宙技術や衛星データなどを利活用する異業種企業やアプリケーション開発ベンチャー企業などにも登壇・参加していただき、より広いエコシステムの形成を目指した。その象徴ともいえる「Space As an Enabler」と題したパネルでは、「宇宙×マーケティング」を行う電通の宇宙ラボ、「宇宙×農業」を進めるマゼランシステムズジャパン、「宇宙×養殖」を進めるウミトロン、「宇宙×創薬」のペプチドリームなどが登壇した。

ＳＰＡＣＥＴＩＤＥの主催は、２０１５年には内閣府宇宙戦略室（当時）と、筆者を含めた有志からなるＳＰＡＣＥＴＩＤＥ企画委員会の共同主催だったが、その後、２０１６年には運営母体となる一般社団法人ＳＰＡＣＥＴＩＤＥを民間団体として設立。２０１７年からは一般社団法人ＳＰＡＣＥＴＩＤＥ、アドバイザー（初期の立ち上げメンバー）、プロボノメンバーの三つの組織からなる運営体制へと移行した。２回目となったＳＰＡＣＥＴＩＤＥ２０１７では総勢30人ほどのプロボノメンバーが活動に参加し、舞台演出、会場オペレーション、動画や写真撮影など様々な役割を担っていた。

ＳＰＡＣＥＴＩＤＥは“the industry tide platform for accelareting NewSpace”と掲げている。新たな宇宙ビジネスのプラットフォームとして、幅広い分野の関係団体や個人が集い、業界をリードする議論を行い、日本と世界の宇宙ビジネスをつなぎ、日本における新たな宇宙産業のエコシステム形成を促していきたいと考えている。そうした活動を通して、宇宙ビジネスの認知度と発信力を高めて、日本および世界における産業発展に貢献していくことがミッションだ。現在、日本には約20社ほどの新たな宇宙ビジネスプレイヤーが存在しているが、その数を2020年までに50社にしていくことを掲げている。

【人材の多様化】

従来日本の宇宙開発のプレイヤーは政府系機関、JAXA、大手航空宇宙企業、中小企業、および関連サービス企業など、限られた団体や企業で構成されてきた。他方で、新たな宇宙ビジネスでは、こうした既存プレイヤーに加えて、ベンチャー企業や異業種大手企業など新たなプレイヤーが加わってくる。さらには、ベンチャーキャピタルなどの民間リスクマネーの供給主や様々なプロフェッショナルファームなども重要になる。

また、人材の多様化も進む。日本航空宇宙工業会の統計では、宇宙関連事業の従業員数は過去20年間、平均7000～8000人で推移している。また職種別には研究開発および製造分野が約80％を占めている。他方で、新たな宇宙ビジネスではエンジニア以外に多様な人材ポートフォリオが求められる。

２０１７年2月に行われた「ＳＰＡＣＥＴＩＤＥ２０１７」では、事前登録した数百人の職種は、４分の１は起業家・投資家・経営者、４分の１は事業開発・営業担当、４分の１は政府・メディア・エンジニア、それ以外が学生だった。従来この手のカンファレンスでは技術者が中心であったが、新たな宇宙ビジネスには多種多様なプレイヤーの交流やつながりが求められる証左ともいえる。

パネル登壇した宇宙ベンチャー起業家からも「エンジニアだけではなく、デザイナー、アーティスト、ビジネスなど多様な人材がいる」「現在社員は25人ほどだが、外国人が６人。毎日１通以上の応募が来るが、その80％は海外からだ」と多様な人材の必要性に言及された。

今後の可能性と課題

7-1 2020年までの見どころ

ここまで世界と日本の宇宙ビジネスの現状を見てきた。様々な可能性が広がる一方で、まだ産業黎明期にある。新たな宇宙ビジネスが真に偉大な産業となり、エコノミクスがまわっていくためには、今後の取り組みが重要だ。そして特に、これから数年の成否が肝心である。

[世界]

①宇宙アクセス革命は進展するか？

まず何よりも注目は、宇宙へのアクセス革命がどこまで進むかだ。あらゆる宇宙ビジネスは宇宙空間にたどり着いてから始まる。そのため「価格」「頻度」「投入軌道」「スケジュール」など総合的に利便性の高い輸送システム（ロケットなど）の実現が、産業全体の鍵を握っているといえる。

大型ロケットでいえば、再利用型のロケットによる高頻度打ち上げというアプローチがどこまでコスト削減に効果を発揮するかに注目が集まる。既に再利用ロケットによる商業打ち上げに成功しているスペースX（SpaceX）は、来年以降はこうした打ち上げを常態化していく予定だ。また、ベゾス氏が進める大型ロケットのニューグレンにも注目が集まる。

さらに、アリアンスペース（Arianespace）が開発中のアリアン6や、日本が進める新型基幹ロケットH3も今後1〜2年で開発の山場を迎え、鍵となる技術やエンジンの実証実験が行われる予定だ。ロケットラボ（Rocket Lab）やヴァージン・オービット（Virgin Orbit）、ベクター・スペース・システムズ（Vector Space Systems）、日本のインターステラテクノロジズなどが開発を進める小型ロケットも実証が行われ、2020年に向けて商業サービスが始まっていくことが期待される。

②小型衛星ビジネスの勝者は？

ベンチャー企業を中心に進んできた光学センサーの小型衛星開発と衛星ビッグデータ利用は様々なプレイヤーとビジネスモデルが乱立していたが、グーグル傘下の衛星ベンチャーであるテラベラ（TerraBella）がプラネット（Planet）に買収されるなど、段階的に買収・統合・提携が進んできている。産業バリューチェーンの多層化、水平分業化という業界構造が明らかになってきており、今後1〜2年で明確な勝者が見えてくるはずだ。

光学以外のIR（赤外線）やSAR（レーダー）などの他センサーを搭載した小型衛星の開

発、あるいはデータ解析に対する注目も高まりつつあり、今後数年の動きに注目だ。

また、衛星インターネット網の構築に関しては、業界をリードするワンウェブ（OneWeb）は現在フランスのトゥールーズで開発・製造中の最初の10機を2018年には打ち上げる予定だ。また並行して進める米国フロリダ州での衛星量産工場の建設も進捗が明らかになってくる。ワンウェブは第一世代の衛星配備の目標を2020年としている。話題を集める低軌道衛星通信によるインターネットインフラ構築が実現するか注目が集まる。

③宇宙旅行・ホテルは最初の一歩を踏み出せるか？

多くの人が待ちわびている宇宙旅行も、2020年に向けて進展がありそうだ。ジェフ・ベゾス氏が率いるブルーオリジン（Blue Origin）は当初計画通り、2018年の商用フライトを目指している。将来的に「宇宙に数百万人の人が暮らし、働く世界を作る」というベゾス氏のビジョン実現に向けた大きな前進だ。有翼の宇宙船で宇宙旅行実現を目指すヴァージン・ギャラクティック（Virgin Garactic）は、現在滑空テストを繰り返しているが、このまま順調にいけば動力テストを行うと発表している。早ければ2018年にリチャード・ブランソン氏自身が搭乗するという。

現在国際宇宙ステーションでNASAとビゲロー（Bigelow）が共同で行っている膨張式居

住モジュールの実証実験も、ここ1～2年で結果が出る予定だ。ビゲローはユナイテッド・ローンチ・アライアンス（United Launch Alliance）と商業宇宙ステーションの建設を2020年を目標に検討している。国際宇宙ステーションは、2024年までの運用が決まっているが、その先はどうなるか。その議論とともに、一般の人々が一定期間を宇宙空間で過ごす時代の到来に期待が高まる。

④Xプライズの勝者は？

世界が注目する賞金総額3000万ドルの月面無人探査レース「グーグル・ルナXプライズ」は、2016年末のルール改訂により、打ち上げ契約を獲得したファイナリスト5チームに絞られた。ハクト（HAKUTO）、ムーン・エクスプレス（Moon Express）、スペースーL（SpaceIL）、チーム・インダス（Team Indus）、シナジー・ムーン（Synergy Moon）だ。スペースーLはイーロン・マスク氏が率いるスペースXの「ファルコン9」と契約、チーム・インダスはインドの国産ロケット「PSLV」と契約、日本のハクトはチーム・インダスとの相乗り契約を発表している。ムーン・エクスプレスは小型ロケットベンチャーのロケットラボと契約をしている。

月面に無人探査機を送り込み、500メートル移動した後に、ニアリアルタイムで動画・静止画を地球に伝送するというミッションが成功するか。2017年末が打ち上げ期限となっており、いずれのチームが優勝するか、注目が集まる。

Xプライズ財団は、今回の賞金コンテストが切り拓く市場規模は、10年後に最大2700億円、25年後には最大1兆円になると予測しており、その行方がここ1～2年で明らかになる。

⑤商業宇宙資源開発の枠組みはどうなる?

Xプライズの取り組みとも関連して注目されるのが、商業宇宙資源開発に関する今後2～3年の動きだ。先述のように米国では2015年末に商業宇宙資源開発を認める法律が制定され、2016年にはルクセンブルクが宇宙資源開発の欧州ハブとなるためのイニシアチブを立ち上げ、2億2000万ユーロの資金を準備。さらに米国同様に宇宙資源開発を認める法律案が2017年に成立した。欧米以外には、中東のアラブ首長国連邦でも欧米のような法律制定の予定があると報道がされている。

他方でこうした国内法制定を起点とした枠組みの形成に対して、国際的枠組みの議論を進めるべきとの流れもある。2017年には国連の宇宙空間平和利用委員会(COPUOS)で宇宙資源開発の議論が始まり、法律、政策、技術開発、投資など包括的な議論が加速していくことが予測される。明確なルールなき分野において、どのように枠組みを作っていくのか、その在り方がここ1～2年で明らかになる。

〔日本〕

①商用化に向けた第一歩の成否は？

過去3年で総額100億円ほどを資金調達してきた日本の宇宙ベンチャーだが、今後もさらなる調達が進んでいくであろう。そして、これから2～3年は商業化に向けた大きな一歩を踏み出す。衛星ベンチャーのアクセルスペースは将来的に小型衛星50機の打ち上げを計画しているが、その第一世代として2017年に3機の衛星打ち上げを計画しており、2022年までに50機の衛星配備を目指す。QPS研究所も最初の小型SAR衛星打ち上げを2019年に目指す。また、宇宙資源開発を目指すispaceが運営するチームHAKUTOが参戦している月面無人探査レース、グーグル・ルナXプライズの期限も2017年末に迫っている。さらに、アストロスケールは2019年までにデブリ計測衛星やデブリ除去衛星実証機を打ち上げる。ALEは2019年に人工流れ星の初プロジェクトを計画している。多くの取り組みが成功することを期待したい。

②宇宙ベンチャーの数は増えるか？

日本では現在20社ほどの宇宙ベンチャーが存在しているが、これが今後2〜3年でどこまで増えていくかも大きな見どころだ。欧米ではビリオネアの起業、大学発ベンチャー、大手企業・機関からのスピンオフ、異業種企業の参入など様々な形でプレイヤーが増えている。日本においても宇宙ビジネスに注目が集まるとともに、リスクマネー供給に関してもさらなる前進が見られる。２０１７年に初めて行われている宇宙ビジネスコンテスト「S-booster」の結果にも注目だ。

③異業種企業が宇宙ビジネスに踏み込むか？

２０１６年は異業種企業による宇宙ビジネスへの参画が加速した。すでに通信企業、自動車メーカー、エアライン、メディア、商社など、多数の企業が宇宙関連企業のスポンサーになったり、業務提携したりしている。他方で、こうした大手異業種企業が自らの事業として本格的な宇宙ビジネスに踏み出すかどうかは今後の焦点である。ソフトバンクが発表したワンウェブへの10億ドル投資のように、ヒト・モノ・カネが大きく動き出すと、宇宙産業拡大の流れにつながっていくだろう。

④H3ロケットや準天頂衛星も山場

政府主導の大規模プロジェクトにとっても、これから2～3年は重要だ。日本版GPSとも言われる準天頂衛星は、2017年度中に4機体制を目指す。その後は2023年度をめどとして7機体制を確立する。日本の新型基幹ロケットとなるH3も2017年度は開発の山場であり、キーとなる技術やエンジンの実証実験が行われ、2020年度に初打ち上げを目指す。測位衛星システムや基幹ロケット開発は米国、欧州、中国なども進めており、日本の取り組みに期待したい。

⑤政府による産業支援の実現は?

先述の宇宙産業ビジョン2030に記載がされた様々な産業支援策の実現も、今後2～3年の大きな見どころだ。主だった施策だけでも政府衛星データのオープン&フリー、衛星利活用の社会モデル事業、調達制度の改善、小型ロケット打ち上げのための射場整備、リスクマネー供給の強化、軌道上補償や宇宙資源探査への対応措置検討などやるべきことは山積みだ。既に動き出している取り組みもあり、日本の宇宙産業ビジョンを実現していくためにも、これらの施策の速やかな実行が望まれる。

7-2 2030年に向けた可能性

さらに先の2030年の宇宙産業はどのようになっているのだろうか。世界の宇宙産業は、市場規模にして現在約35兆円ほどであるが、一例として英国の「Space Innovation and Growth Strategy 2010 to 2030」では、2030年の市場規模が少なくとも4000億ポンド（約65兆円）になるという見立ても存在する。世界中のリーダーが掲げるビジョンが実現していれば、新たな社会像ができている可能性が高い。

現在はロケット打ち上げのたびに、ニュースやSNSなどが盛り上がるが、2030年には毎週のように打ち上げられるようになり、それ自体はニュースにならなくなるかもしれない。飛行機のフライトが都度プロジェクトというよりも定常オペレーションとなったように、宇宙アクセス革命によりロケットの打ち上げが定常オペレーションとなっていく可能性はある。そして、その際にどこまで打ち上げコストが下がるかが重要だ。

イーロン・マスク氏やジェフ・ベゾス氏は打ち上げコストを100分の1にするという目標を語っているが、2014年に日本の宇宙政策委員会で策定された宇宙輸送システム長期ビジョンの中では、地球低軌道への打ち上げコストが100分の1まで低下すると、宇宙旅行、宇宙エンターテイメント、スペースデブリマネジメント、宇宙太陽光発電、資源探査などの新しいアプリケーションの大規模需要が見込まれると予測している。そのような世界が実現していれば、宇宙旅行は低価格化が進み、定常的なサービスとして行われており、多くの人が宇宙から地球を生の目で見ることだろう。また宇宙ホテルなどを活用して一定期間滞在する人々も出てきているかもしれない。

人々が宇宙空間にいる時間が増えると、宇宙ならではの微小重力を活用した新たなエンターテイメントやスポーツなどが誕生するかもしれない。さらには、健康維持などを目的にライフサイエンス分野も大きく発展していくだろう。

宇宙には数千機の衛星が打ち上がり、宇宙からの通信がユビキタスコネクティビティを実現するインフラとして組み込まれ、またデータが高度に進化したIoT社会を支える要素となっているだろう。現在は比較的用途が限られている衛星通信がより広い用途で活用され、ワンウェブのグレッグ・ワイラー氏が目指す「2027年までにグローバル情報格差をゼロにする」という世界が実現しているかもしれない。現代に生きる我々がカーナビゲーションや地図アプリケーションなどで表示される自己位置に関してGPSという衛星システムを意識しないように、宇宙インフラの存在を意識せずに使う時代がやってきているはずだ。人類が抱える様々な社会課題、経済課題を解決する手段として宇宙インフラが活躍しているかもしれない。

さらに遠い宇宙では、かつて『スター・ウォーズ』や『スタートレック』などのSF映画で語られた世界が実現する時代に突入しているかもしれない。究極的な目標としてジェフ・ベゾス氏は「数百万人が宇宙に暮らし、働く世界を創りたい」と語り、イーロン・マスク氏は「40～100年をかけて火星に100万人を送り込み、自立した文明を築く」と語っている。NASAも2027年をめどに月周回軌道上の居住基地の確立を目指している。

2030年にその実現は困難であると思われるが、小規模ながら人類が火星に到達し、宇宙空間で暮らし、働く人々が存在する可能性はある。それとともに多数の無人ロボットなどが探査などを行う。そして、それらを支えるエネルギーインフラとして、宇宙資源の採掘・運搬・利用などが進んでおり、拠点としての月やラグランジュポイントなどの開発が進み始めているかもしれない。

かつて夢として語られた世界が、自分が生きているうちに実現するかもしれない。2030年の世界を見てみたいと思う人は多いのではないか。

エピローグ

従来、宇宙関係の仕事に就きたい場合は、政府系の宇宙機関に就職するか、大手航空宇宙企業およびその関係企業などに就職するのが王道だった。しかし、航空宇宙工学関連の学科の卒業生は毎年1000人程度いる一方で、宇宙機器産業の人員は1万人程度であり、極めて狭き門であった。実際、航空宇宙工学関連の学科を卒業しても、宇宙関連の仕事に就かず自動車メーカーや電機メーカーなどに就職する学生もいる。

しかし、これからは大手航空宇宙企業に加えて、宇宙ベンチャーなどの新しい選択肢も増えていく。産業全体の雇用が拡大することは良いことだ。また、新たな宇宙ビジネスでは、航空宇宙関連技術に加えて、ITやロボティクスなどの技術も重要だ。一見他分野に見える技術職の方にも宇宙関連の仕事に関わるチャンスが増えるだろう。

さらには、技術者以外に、経営者、マーケター、デザイナー、営業など、多様な人材がこれからの宇宙ビジネスには求められている。筆者自身、様々な場所で講演などをさせていただいているが、出会う方々と話していると、今は宇宙に関わっていないが、宇宙に興味があるという人は多い。SPACETIDE2015では、事前登録した500人の半数以上が今は宇宙関係の仕事をしていない人たちだった。

人材の流動性も高まっている。欧米では政府系宇宙機関から宇宙ベンチャーに職を移す人やアドバイザーとして支援する人も増えており、スペースXが設立されたときにも人材が移籍している。また逆にNASAが商業化政策を進める際には、当初シリコンバレーから民間投資の専門家を招聘するなど、逆の交流も起きている。宇宙関連企業を渡り歩く人材も多い。

このように人材の多様化・流動化が生まれつつある宇宙ビジネスだが、それでもやはりまだハードルが高いと感じる方々におすすめなのは、プロボノ活動として関わることだ。プロボノ活動とは、専門性を活かした社会貢献活動だ。筆者自身、宇宙ビジネスに関わりを持つようになったきっかけは、2012年にHAKUTOのボランティアを始めたことだ。

その背景には、2009年から数年のリハビリテーションを要した自分の病気と2011年の東日本大震災がある。人生はいつ終わるかわからない、そんな当たり前のことを生まれて初めてリアリティをもって理解したとき、好きなことを悔いなくやりたいと思った。そして小学生のころ、学校の図書館でギリシャ神話に登場する星座に興味を持ち、天文クラブに入り、宇宙や銀河という存在に出会った時に、頭の中で世界観がはじけたことを思い出した。しかし、いつしかそうした想いは薄れて、社会人になってからは宇宙とは何の接点もなかった。幼き頃にあこがれた宇宙のことを何でもよいから始めよう。そう決意したのが2012年だ。

その後、機会を探していたときに、たまたま雑誌で読んだのがグーグル・ルナXプライズに参戦しているHAKUTO（当時はホワイトレーベルスペースジャパンという呼称だった）だった。これだと直感的に感じて、すぐに連絡をとり、週末ボランティアを始めた。それが宇宙に関わることになったすべてのスタートだった。始めてみたら、そこには多くの仲間がいて、活動を続けるほどに、様々な宇宙ベンチャー起業家との出会いが広がっていった。そして2013年にチリで開催されたグーグル・ルナXプライズに参加するチームが集まる会合に参加した際に、初めて世界の宇宙ベンチャーと出会った。世界の宇宙ビジネスの盛り上がり、そこに関わる人々の熱を肌身で感じた瞬間だった。

宇宙に関われることで満足をしていた日々だったが、当時友人と偶然参加した他業界のイベントで、自ら課題意識をもって行動をしている社会起業家の方々に会った際に、自分も宇宙のことで何かを社会に発信しようと思いたった。それで始めたのが2014年9月から始めたオンライン媒体における宇宙ビジネスのコラム連載だ。世界の宇宙ビジネスのトレンド、新しいプレイヤーの取り組み、世界で活躍する日本人を紹介しようと続けた連載は2017年7月時点で55回になる。

連載もきっかけになり、その後、政府委員、講演や執筆、個別の相談などの声掛けをいただいた機会を一つずつやってきた。活動範囲を広げるたびに、この産業の可能性を感じるとともに、課題もいろいろと見えるようになった。そして２０１５年には先述のように、米国のカンファレンスに参加したこともきっかけとなり、日本で宇宙ビジネスカンファレンス「ＳＰＡＣＥＴＩＤＥ」を同志とともに立ち上げた。

先のことは考えずに直感を頼りに一つずつ目の前の可能性を追いかけてきたが、気づけば、自分が培ってきた経営コンサルティングのスキルやノウハウが産業構造や事業戦略を考えることに活きたり、学生時代にやっていた数百人規模のイベントを主催した経験が「ＳＰＡＣＥＴＩＤＥ」の運営に活きたり、アップル創業者の故スティーブ・ジョブズ氏がかつてスタンフォード大学の卒業生に向けて語った「Connecting the dots」が起きているようにも感じる。そして、宇宙に関わり始めた２０１２年にはまったく想像もできなかったが、立場や職業、年齢を超えた多くの魅力溢れる仲間がたくさんできた。

新たな宇宙ビジネスは黎明期にすぎず、これから先、いくつもの壁や困難が待ち受けているだろう。そして宇宙は産業振興以外にも、安全保障や科学技術など多面的な顔を持つ、複雑なビジネスでもある。しかしながら、筆者自身、宇宙ビジネスとそれが切り拓く人類の未来、そして日本の未来に可能性を感じており、新たな宇宙産業を創っていきたいという想いがモチベーションだ。これから10年、あるいは20年と活動を続けていく中で、多くの方々とご一緒していきたい。本書が宇宙ビジネス発展の一助になれば幸いである。

著者紹介

石田真康（いしだ・まさやす）

A.T. カーニー プリンシパルとして、ハイテク・IT業界、自動車業界、宇宙業界などを中心に、全社戦略、事業戦略、R&D戦略等に関する経営コンサルティングを担当。日本初の民間宇宙ビジネスカンファレンスの運営を手掛ける一般社団法人SPACETIDE 共同創業者 兼 代表理事。内閣府宇宙政策委員会宇宙民生利用部会および宇宙産業振興小委員会委員。宇宙ビジネスコンテストS-booster2017メンター。また、日本初の民間月面無人探査を目指すチームHAKUTO（ハクト）にプロボノメンバーとして参加。東京大学工学部卒。著書に『電気自動車が革新する企業戦略』（共著、日経BP社）がある。

本書は、2014年からITmediaに連載されている「宇宙ビジネスの新潮流」をもとにして、全面的に加筆・修正・再構成したものです。

宇宙ビジネス入門
NewSpace革命の全貌

2017年9月4日　第1版第1刷発行
2019年1月8日　第1版第2刷発行

著　者　　　　石田真康
発行者　　　　村上広樹
発　行　　　　日経BP社
発　売　　　　日経BPマーケティング
　　　　　　　〒105-8308　東京都港区虎ノ門4-3-12
　　　　　　　https://www.nikkeibp.co.jp/books/
装　丁　　　　坂川朱音
制作・図版作成　秋本さやか（アーティザンカンパニー）
編　集　　　　長崎隆司
印刷・製本　　大日本印刷

本書籍に関するお問い合わせ、ご連絡は下記に承ります。
https://nkbp.jp/booksQA

ISBN978-4-8222-5504-6